IL FOTOVOLTAICO FACILE

ENERGIA SOLARE, SOSTENIBILITÀ E INNOVAZIONE PER UN FUTURO ECO-EFFICIENTE

RICCARDO FADDA

Sommario

Prefazione

Cari lettori,

è con grande piacere che mi trovo qui oggi a introdurre questo straordinario libro dedicato al mondo delle energie rinnovabili e, in particolare, al fotovoltaico.

Mi chiamo Riccardo Rambaldi e ho avuto il privilegio di essere coinvolto in modo attivo nella realizzazione di questo progetto editoriale, il cui valore va ben oltre le sue pagine.

La mia storia di amicizia, con l'autore di questo libro, Riccardo Fadda, un amico di lunga data, è una testimonianza tangibile di quanto si possano ottenere risultati sorprendenti da una collaborazione decennale e da una passione condivisa per le energie rinnovabili. Abbiamo camminato insieme per molti anni in questo entusiasmante percorso, affrontando sfide, sfruttando opportunità e cercando di migliorarci costantemente.

Il nostro legame, iniziato come una semplice amicizia, è cresciuto fino a diventare la forza motrice dietro la creazione di ilfotovoltaicofacile.it, la nostra azienda che oggi cerca di distinguersi nel settore delle energie rinnovabili.

Nel corso di questi anni, io e Riccardo ci siamo dedicati anima e corpo al campo delle energie rinnovabili condividendo visioni, analizzato dati, discutendo innovazioni, tecnologiche e, soprattutto, abbiamo condiviso la convinzione che le energie rinnovabili sono il futuro del nostro Pianeta!

Questa convinzione è ciò che ci ha spinto a fondare ilfotovoltaicofacile.it, un luogo dove possiamo mettere a disposizione la nostra conoscenza, esperienza e passione per aiutare gli altri a sfruttare al meglio l'energia solare.

Questo libro è il risultato di anni di lavoro e dedizione nel campo delle energie rinnovabili. È un tentativo di condividere con voi, i nostri lettori, tutto ciò che abbiamo imparato, dalle basi del fotovoltaico fino alle complesse strategie di dimensionamento e progettazione di impianti.

Abbiamo cercato di rendere accessibile un argomento spesso considerato complesso, fornendo informazioni chiare e consigli pratici per chiunque sia interessato a sfruttare l'energia solare.

In queste pagine troverete tanti spunti e parte delle nostre esperienze personali che spero possano ispirarvi ad esplorare il mondo delle energie rinnovabili.

È importante ricordare che tutti possiamo fare la differenza nel ridurre la nostra impronta ecologica e contribuire a un futuro sostenibile.

Speriamo che questo libro possa essere uno strumento utile per chiunque desideri iniziare o approfondire il proprio percorso nel fotovoltaico e nelle energie rinnovabili in generale.
Ringrazio Riccardo per questa straordinaria collaborazione e tutti voi lettori per prendervi il tempo di esplorare il mondo affascinante e vitale delle energie rinnovabili insieme a noi.

Con sincera gratitudine,
Riccardo Rambaldi
Energy Manager
Co-Founder
ilfotovoltaicofacile.it

Introduzione: Cenni storici e figure di riferimento

L'attuale panorama mondiale è segnato da sfide ambientali senza precedenti, quali cambiamenti climatici, inquinamento atmosferico e l'esaurimento delle risorse fossili. In tale contesto, l'adozione di fonti di energia rinnovabile emerge come una soluzione fondamentale per affrontare queste problematiche e costruire un futuro sostenibile. L'energia solare, in particolare, si rivela come una delle opzioni più promettenti e accessibili.

Il fotovoltaico, con una storia che affonda le sue radici in una serie di scoperte scientifiche e sviluppi nel campo della scienza dei materiali e della fotoelettricità, ha un passato ricco e profondo.

Nel 1839, il fisico francese Alexandre-Edmond Becquerel scoprì l'effetto fotovoltaico durante esperimenti sulla conduzione elettrica attraverso i materiali. Questa scoperta, che rivelava come la luce potesse generare corrente in certi materiali, aprì la strada a future applicazioni pratiche, sebbene non fosse immediatamente compresa o utilizzata.

Nel tardo XIX secolo e agli inizi del XX, gli scienziati esplorarono le celle solari a base di selenio, sfruttando l'effetto fotovoltaico per generare elettricità. Nonostante la loro efficienza fosse ancora bassa, questi studi costituirono una base importante per il futuro.

La ricerca sui semiconduttori negli anni '40 e '50 portò a una migliore comprensione dell'effetto fotovoltaico nei materiali a base di silicio. Nel 1954, i fisici Gerald Pearson, Daryl Chapin e Calvin Fuller dei Bell Laboratories negli Stati Uniti crearono la prima cella solare al silicio ad alta efficienza, con un tasso di conversione del 6%.

Durante la corsa allo spazio negli anni '50 e '60, le celle solari diventarono componenti essenziali per l'alimentazione delle sonde spaziali, impiegate in missioni come Mercury, Gemini e Apollo della NASA.

Negli anni '70, la produzione di celle solari iniziò a svilupparsi a livello commerciale, sebbene i costi fossero elevati e l'efficienza relativamente bassa. Gli anni '80 e '90 videro un incremento della ricerca e dello sviluppo

nell'industria solare, con miglioramenti significativi nell'efficienza delle celle e una riduzione dei costi di produzione.
Questi progressi estesero le applicazioni dallo spazio a quelle terrestri, inclusi i sistemi di alimentazione per aree remote.

Dal 2000 in poi, l'efficienza delle celle solari ha continuato a migliorare e i costi di produzione a diminuire, aumentando l'accessibilità delle tecnologie solari per consumatori e imprese. L'introduzione di incentivi governativi e programmi di sussidi ha accelerato l'adozione delle tecnologie solari in molti paesi.

Oggi, l'energia solare fotovoltaica è diventata una fonte di energia rinnovabile di crescente importanza, utilizzata ampiamente sia in applicazioni residenziali che industriali. La ricerca continua a concentrarsi sul miglioramento dell'efficienza delle celle, sulla riduzione dei costi e sullo sviluppo di nuove soluzioni per l'accumulo dell'energia solare.

Tra le figure storiche importanti nel campo del fotovoltaico, spicca Augustin Bernard Mouchot, un inventore e pioniere francese nel campo dell'energia solare, considerato uno dei precursori del fotovoltaico e delle tecnologie solari termiche. Nato il 7 aprile 1825 a Semur-en-Auxois, Francia, e morto il 4 ottobre 1912 a Parigi, Mouchot creò uno dei primi motori solari funzionanti nel 1866, esibito all'Esposizione Universale di Parigi nel 1878. Egli comprese anche il potenziale dell'energia solare per la produzione di calore, realizzando nel 1880 un'applicazione industriale che utilizzava energia solare per produrre ghiaccio.
Le invenzioni di Mouchot furono significative non solo per le loro applicazioni immediate, ma anche perché gettarono le basi per lo sviluppo futuro delle tecnologie solari. La sua dedizione alla ricerca e all'applicazione dell'energia solare ha ispirato generazioni successive di scienziati e ingegneri nel campo dell'energia rinnovabile. Oggi, Mouchot è ricordato come una figura chiave nella storia dell'energia solare e del fotovoltaico, la cui visione e innovazioni hanno gettato le basi per il progresso nell'uso dell'energia solare come fonte di energia sostenibile.

Un'altra figura riconosciuta e influente in questo campo è Richard Swanson, fondatore di SunPower Corporation, un'azienda leader nell'industria fotovoltaica. Swanson, nel 1975, formulò la "Legge di Swanson", che descriveva come i costi dei pannelli fotovoltaici diminuissero del 20% ad ogni raddoppio della loro produzione cumulativa. Questo concetto è diventato fondamentale nell'industria fotovoltaica, guidando il progresso verso celle solari sempre più efficienti ed economiche. Va sottolineato che il progresso di questa tecnologia è stato possibile grazie agli sforzi combinati di molti scienziati, ingegneri e ricercatori che hanno contribuito significativamente alla crescita del settore con le loro idee e scoperte nel corso degli anni.

Capitolo 1: L'Emergenza Climatica e l'Importanza dell'Energia Sostenibile

L'urgente problematica del riscaldamento globale, causata principalmente dall'incremento delle emissioni di gas serra, sta provocando effetti devastanti quali il disgelo dei ghiacciai, eventi climatici estremi e l'innalzamento del livello del mare. Questi fenomeni rappresentano una seria minaccia per la salute del nostro pianeta e delle sue popolazioni, e l'utilizzo dei combustibili fossili è uno dei principali colpevoli di questa situazione critica.

In questo contesto, diventa essenziale virare verso fonti energetiche rinnovabili, come l'energia solare, per diminuire la dipendenza dai combustibili fossili e attenuare gli effetti deleteri dei cambiamenti climatici. L'energia solare, con la sua abbondanza, pulizia e inesauribilità, è disponibile ovunque nel mondo. Sfruttarla può giocare un ruolo significativo nella diminuzione dell'impatto ambientale delle attività umane.

Il Fotovoltaico come Soluzione Chiave per la Produzione di Energia Pulita

Tra le diverse tecnologie che sfruttano l'energia solare, il fotovoltaico spicca per la sua efficienza e versatilità. Questa tecnologia consente di trasformare direttamente la luce del sole in energia elettrica utilizzabile. I pannelli fotovoltaici, costituiti principalmente da celle solari in silicio, catturano la luce solare e la convertono in corrente continua.

L'energia elettrica prodotta dagli impianti fotovoltaici può essere impiegata per alimentare edifici residenziali, industriali e commerciali, nonché per la ricarica di veicoli elettrici. Ciò rende il fotovoltaico una soluzione flessibile e adattabile a un'ampia gamma di esigenze energetiche.

Benefici Ambientali ed Economici dell'Installazione di un Impianto Fotovoltaico

L'installazione di un impianto fotovoltaico porta con sé notevoli benefici, sia per l'ambiente che dal punto di vista economico. In termini ambientali, la generazione di energia solare non produce emissioni di gas serra né inquinamento dell'aria o dell'acqua, contribuendo così a migliorare la qualità dell'aria e la salute pubblica. Dal lato economico, un impianto fotovoltaico permette di ridurre i costi energetici nel lungo termine. Essendo l'energia solare una risorsa gratuita e abbondante, una volta installato l'impianto, la produzione di energia avviene senza costi aggiuntivi. Inoltre, numerosi paesi offrono incentivi fiscali e finanziari per incentivare l'uso dell'energia solare, rendendo l'investimento in un impianto fotovoltaico ancora più conveniente.

L'adozione del fotovoltaico non solo aiuta a preservare l'ambiente e a combattere i cambiamenti climatici, ma fornisce anche vantaggi economici a lungo termine. Nei capitoli successivi, approfondiremo l'evoluzione del mercato fotovoltaico, il funzionamento degli impianti, gli incentivi disponibili e le sfide e opportunità future. L'obiettivo è offrire una guida completa per comprendere, valutare e sfruttare il potenziale dell'energia solare e del fotovoltaico nell'era dell'energia sostenibile.

Capitolo 2: L'evoluzione del mercato fotovoltaico in Italia

Il settore dell'energia solare e del fotovoltaico in Italia ha attraversato un'evoluzione affascinante negli anni, passando dalle prime fasi sperimentali fino alla diffusa installazione di pannelli solari sui tetti delle abitazioni. Questo percorso è stato influenzato da vari fattori determinanti.

Dagli Inizi all'Incentivazione Governativa

Inizialmente, in Italia, il fotovoltaico era in gran parte in fase sperimentale, con installazioni limitate. Tuttavia, una svolta significativa si è verificata nel 2005, quando l'Italia ha introdotto il sistema di incentivazione "Conto Energia". Questo programma offriva tariffe di incentivazione fisse per l'energia solare prodotta, garantendo un ritorno economico per gli investitori, segnando così l'inizio di una crescita esponenziale nel settore.

La Corsa all'Incentivazione e il Boom delle Installazioni

Negli anni successivi, l'Italia divenne uno dei mercati fotovoltaici più promettenti in Europa, attrattiva per investitori e aziende grazie alle invitanti tariffe di incentivazione. Ciò si tradusse in un boom di installazioni fotovoltaiche, con impianti che sorgevano su tetti di case, strutture commerciali e persino su terreni agricoli, trasformando così il paesaggio energetico nazionale.

Sfide e Cambiamenti Normativi

Questo rapido sviluppo non è stato esente da sfide. L'incremento delle installazioni ha causato un aumento dei costi e una maggiore richiesta di finanziamenti pubblici. Nel 2011, l'Italia ha rivisto le sue politiche di incentivazione a fronte delle crescenti spese e dei tagli di bilancio, portando a un rallentamento temporaneo del mercato ma anche a una maggiore sostenibilità del settore nel lungo termine.

Verso una Produzione più Diffusa

Più recentemente, l'enfasi si è spostata verso una produzione fotovoltaica più diffusa e l'autoconsumo energetico. I privati e le aziende sono stati incoraggiati a installare impianti fotovoltaici non solo per vendere l'energia in eccesso ma anche per coprire il proprio fabbisogno energetico, favorendo così una decentralizzazione della produzione energetica e l'autosufficienza delle comunità.

Trend Futuri e Direttive Europee: Verso l'Indipendenza Energetica

L'evoluzione del fotovoltaico in Italia e in Europa è fortemente influenzata dalle direttive europee, che mirano a ridurre la dipendenza energetica da fonti esterne, soprattutto nel contesto geopolitico attuale. La guerra in Ucraina ha evidenziato l'importanza di una politica energetica europea forte e indipendente, soprattutto per quanto riguarda la sicurezza dell'approvvigionamento energetico in situazioni di crisi.

Le direttive europee, mirando a ridurre le emissioni di CO_2 e a promuovere l'uso di fonti energetiche rinnovabili, giocano un ruolo cruciale in questo processo. La transizione verso un'economia basata sulle energie rinnovabili non solo aiuta nella lotta contro il cambiamento climatico, ma riduce anche la dipendenza da risorse controllate da paesi terzi. L'investimento nel fotovoltaico rappresenta una risposta efficace a questa esigenza, offrendo un'energia abbondante, pulita e decentralizzata, che riduce la vulnerabilità energetica europea e contribuisce alla resilienza economica e all'innovazione tecnologica.

In conclusione, il progresso del settore fotovoltaico in Italia e in Europa rappresenta una risposta non solo alle necessità di sostenibilità ambientale, ma anche un passo avanti verso l'indipendenza energetica. Le direttive europee guidano questa transizione verso le energie rinnovabili, contribuendo a ridurre la dipendenza da risorse esterne e a costruire una solida base per il futuro energetico dell'Europa.

Vediamo nei seguenti grafici il parallelismo che sussiste tra le installazioni di fotovoltaico in Europa e in Italia.

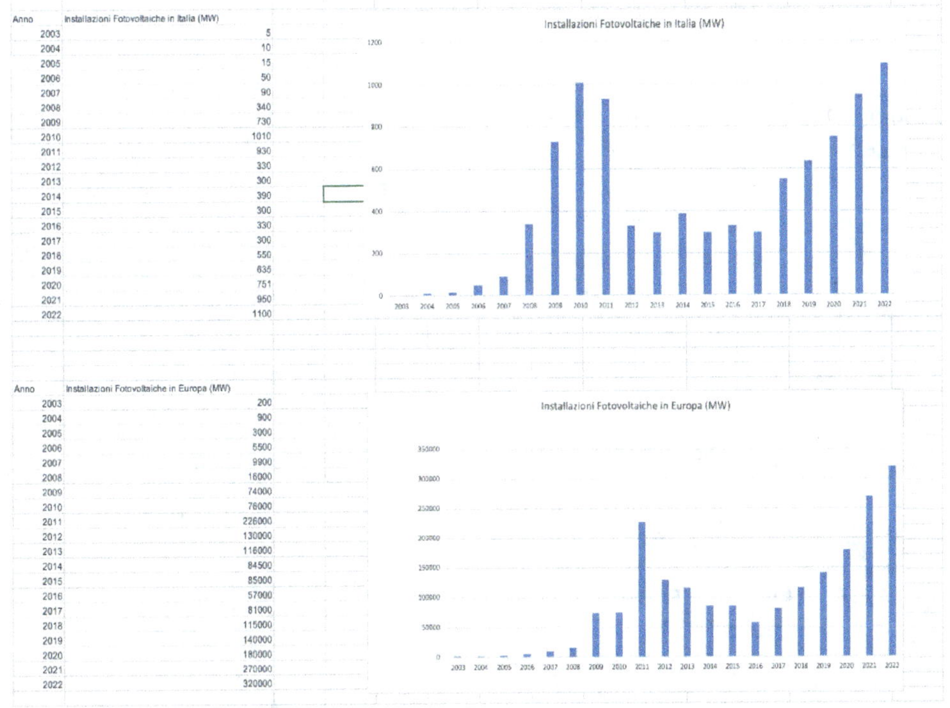

Anno	Installazioni Fotovoltaiche in Italia (MW)
2003	5
2004	10
2005	15
2006	50
2007	90
2008	340
2009	730
2010	1010
2011	930
2012	330
2013	300
2014	390
2015	300
2016	330
2017	300
2018	550
2019	635
2020	751
2021	950
2022	1100

Anno	Installazioni Fotovoltaiche in Europa (MW)
2003	200
2004	900
2005	3000
2006	5500
2007	9900
2008	16000
2009	74000
2010	76000
2011	226000
2012	130000
2013	116000
2014	84500
2015	85000
2016	57000
2017	81000
2018	115000
2019	140000
2020	180000
2021	270000
2022	320000

Capitolo 3: Come funziona un impianto fotovoltaico

L'Effetto Fotovoltaico: Il Cuore del Processo

L'energia solare è una fonte inesauribile e pulita di energia elettrica potenziale, e al centro del suo sfruttamento tramite il fotovoltaico si trova il cosiddetto effetto fotovoltaico. Questo fenomeno, scoperto nei primi anni del XIX secolo da Alexandre-Edmond Becquerel e progressivamente sviluppato nei decenni successivi, rappresenta il meccanismo fondamentale attraverso il quale i pannelli fotovoltaici trasformano la luce solare in energia elettrica.

Cosa è l'Effetto Fotovoltaico?

L'effetto fotovoltaico si manifesta quando la luce solare, costituita da particelle chiamate fotoni, incide su materiali semiconduttori come il silicio, tipicamente utilizzato nelle celle fotovoltaiche. L'energia dei fotoni eccita gli elettroni nei materiali semiconduttori, permettendo loro di superare la barriera di energia elettrica, conosciuta come "band gap", e generare una corrente elettrica. Questa corrente è formata da elettroni in movimento, ed è proprio l'energia elettrica prodotta dall'effetto fotovoltaico.

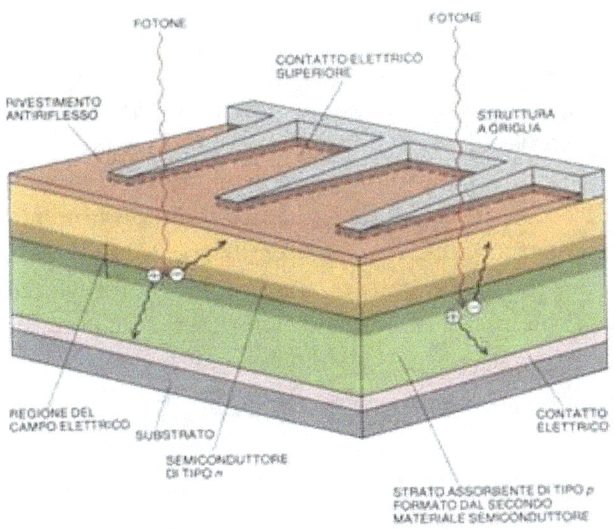

Funzionamento delle Celle Fotovoltaiche

Le celle fotovoltaiche sono gli elementi essenziali per catturare l'energia solare e convertirla in energia elettrica. Queste celle sono generalmente composte da strati di materiali semiconduttori, prevalentemente silicio, trattati per avere una carica elettrica. L'incidenza dei fotoni su queste celle libera gli elettroni, creando una corrente elettrica che può essere raccolta e utilizzata.

La Generazione di Energia Elettrica

La corrente elettrica generata all'interno delle celle fotovoltaiche fluisce attraverso il sistema e raggiunge l'inverter, paragonabile al cuore dell'intero sistema. L'inverter ha il compito di convertire la corrente continua prodotta dalle celle in corrente alternata, il tipo di corrente utilizzato nelle abitazioni e per le attività quotidiane. Una volta convertita, l'energia può essere impiegata direttamente dall'utente o immessa nella rete elettrica.

L'Effetto Fotovoltaico come Rivoluzione Energetica

L'effetto fotovoltaico ha segnato una rivoluzione nel modo di produrre e utilizzare energia. La sua capacità di trasformare direttamente la luce solare in energia elettrica segna un passo importante verso la riduzione delle emissioni di carbonio e la transizione a fonti energetiche più sostenibili. La tecnologia e i materiali delle celle fotovoltaiche sono migliorati enormemente negli anni, guidati dalla scoperta dell'effetto fotovoltaico. Questo principio rimane fondamentale nel funzionamento di ogni impianto fotovoltaico e gioca un ruolo cruciale nel plasmare un futuro energetico più pulito e sostenibile.

Impianto fotovoltaico struttura e componenti

Un impianto fotovoltaico è un sistema progettato per convertire l'energia solare in energia elettrica, composto da diverse componenti chiave:

1. **Pannelli solari**: Questi sono gli elementi fondamentali di un impianto fotovoltaico, costituiti da celle solari che trasformano l'energia solare in elettricità.
2. **Inverter**: Agisce come il cuore o il cervello dell'impianto, convertendo l'energia elettrica generata dai pannelli solari da corrente continua a corrente alternata, adatta per l'uso domestico.
3. **Batterie**: Utilizzate per immagazzinare l'energia elettrica prodotta, permettono di utilizzare l'energia solare anche quando il sole non è disponibile, come di notte o durante giornate nuvolose.
4. **Cavi e connettori**: Necessari per collegare pannelli solari, inverter e batterie.

5. **Strutture di supporto**: Utilizzate per fissare i pannelli solari in posizioni ottimali, sia su tetti che su terreni.
6. **Misuratore di produzione**: Un dispositivo che misura la quantità di energia elettrica generata dall'impianto.

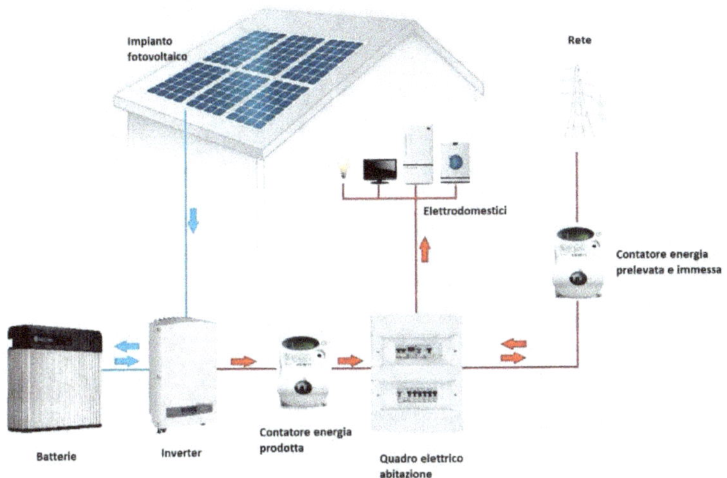

L'efficienza di un impianto fotovoltaico dipende da vari fattori come la potenza e l'orientamento dei pannelli solari, le condizioni climatiche locali e le perdite di energia durante la conversione e il trasporto dell'elettricità.

A seconda della posizione geografica e dell'orientamento dei pannelli, la produzione energetica varia notevolmente. Ad esempio:

- Nel Nord Italia, la produzione media è di circa 1100 kWh per ogni kW installato.
- Nel Centro Italia, si produce circa 1300 kWh per kW installato.
- Nel Sud Italia, la produzione sale a circa 1500 kWh per kW installato.

Inoltre, ogni kW installato (1000 Watt) occupa approssimativamente 5 metri quadri su un tetto a falde e circa 8 metri quadri su un tetto piano.

Supponendo l'uso di pannelli solari con efficienza medio-alta (18-22%), si stima che ogni kWp installato richieda circa 5-6 metri quadri di spazio. Di conseguenza:

- Un impianto da 3 kWp richiede tra i 15 e i 18 metri quadri.
- Un impianto da 4,5 kWp richiede tra i 22,5 e i 27 metri quadri.
- Un impianto da 6 kWp richiede tra i 30 e i 36 metri quadri.

Queste stime possono variare in base a specifiche dell'impianto e alle condizioni ambientali.

Quando si sceglie un impianto fotovoltaico, è fondamentale considerare vari fattori per determinare le dimensioni più adatte in base alle proprie esigenze di consumo. Per esempio, secondo l'Autorità per l'energia elettrica, nel 2023 i consumi medi delle famiglie italiane sono:

- 2.100 kWh/anno per 1-2 persone.
- 3.000 kWh/anno per 3-4 persone.
- 4.200 kWh/anno per 5 o più persone.

Idealmente, un impianto fotovoltaico dovrebbe garantire un autoconsumo di almeno il 70% dell'energia prodotta.

Consigli per il Dimensionamento di un Impianto Fotovoltaico

1. **Valutare il Consumo Energetico**: Calcolare il consumo energetico medio giornaliero, ad esempio analizzando le bollette o utilizzando strumenti online come il "Portale dei Consumi".
2. **Inclinazione e Orientamento dei Pannelli**: Considerare l'angolazione ottimale dei pannelli in relazione alla latitudine locale e l'orientamento ideale (solitamente verso sud nell'emisfero settentrionale).
3. **Superficie Disponibile**: Misurare lo spazio disponibile per l'installazione dei pannelli.
4. **Efficienza dei Pannelli Solari**: Bilanciare l'efficienza dei pannelli con il budget disponibile.
5. **Potenza dell'Inverter**: Dimensionare l'inverter in base alla capacità dei pannelli solari.
6. **Utilizzo di Batterie**: Valutare l'aggiunta di batterie per massimizzare l'autoconsumo e l'indipendenza energetica.

7. **Pianificare per Espansioni Future**: Considerare la possibilità di espandere l'impianto in futuro.
8. **Consultare un Professionista**: Rivolgersi a un esperto del settore per una progettazione e installazione ottimali.

Batterie di Accumulo

L'uso di batterie di accumulo può aumentare l'autoconsumo dell'energia prodotta dal sistema fotovoltaico, specialmente per l'uso notturno o in condizioni di bassa produzione solare. L'efficacia dipende dalla dimensione della batteria e dall'efficienza del sistema di gestione dell'energia. Tuttavia, l'installazione di una batteria comporta costi aggiuntivi che devono essere valutati rispetto ai benefici in termini di autoconsumo e riduzione dei costi energetici.

In conclusione, un impianto fotovoltaico ben dimensionato richiede un'analisi accurata delle esigenze energetiche, delle condizioni locali e delle caratteristiche tecniche dei componenti. Questa valutazione attenta può portare a un sistema efficiente e vantaggioso nel lungo termine.

Capitolo 4: Il portale dei consumi

Caratteristiche dello Strumento

Esaminiamo più da vicino questo utile strumento offerto dall'ARERA, che permette a chiunque abbia un'utenza elettrica intestata a proprio nome di monitorare i propri consumi energetici. È possibile consultare lo storico dei consumi per osservare come questi siano variati nel tempo, ad esempio in seguito alla sostituzione di elettrodomestici obsoleti. Questo aspetto diventa particolarmente rilevante nell'ambito del fotovoltaico, permettendo di confrontare i consumi prima e dopo l'installazione di un impianto fotovoltaico. Pertanto, tale strumento si rivela estremamente utile non solo in sé, ma assume un valore aggiunto per coloro che stanno pianificando l'installazione di un impianto fotovoltaico. Questo vale sia per gli installatori e i professionisti del settore, sia per gli utenti finali che decidono di installare un impianto. Avere dati concreti su come cambiano i consumi prima e dopo l'installazione dell'impianto fornisce una chiara comprensione dell'efficacia del progetto e delle reali prestazioni dell'impianto una volta operativo.

Come detto per accedere, la via più breve è quella di avere uno SPID funzionante:

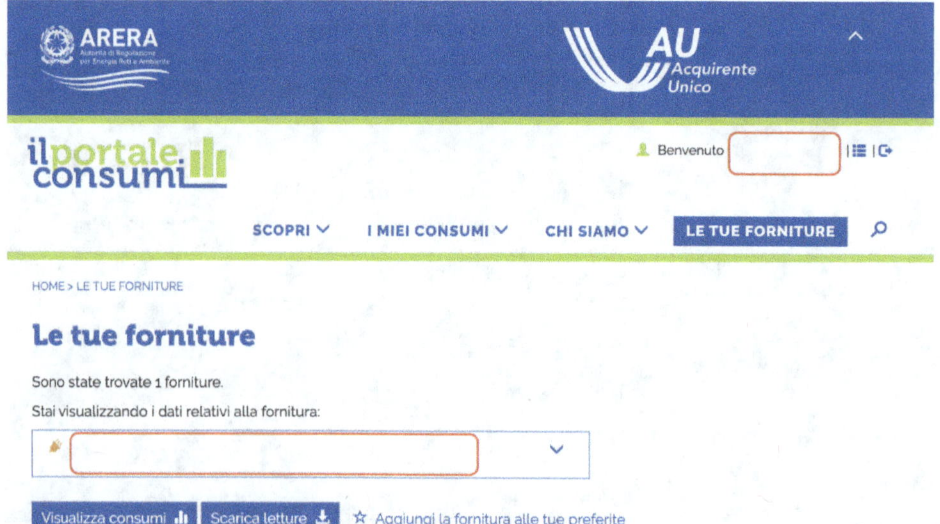

Una volta effettuato l'accesso, e selezionata la nostra utenza, potremmo accedere al menù dei consumi, visualizzarli, scaricare i report degli intervalli temporali che vogliamo analizzare, e per esempio, utilizzare questi dati per impostare una simulazione accurata attraverso gli strumenti simulativi che ogni buon installatore dovrebbe conoscere e adoperare quando si va a progettare un impianto.

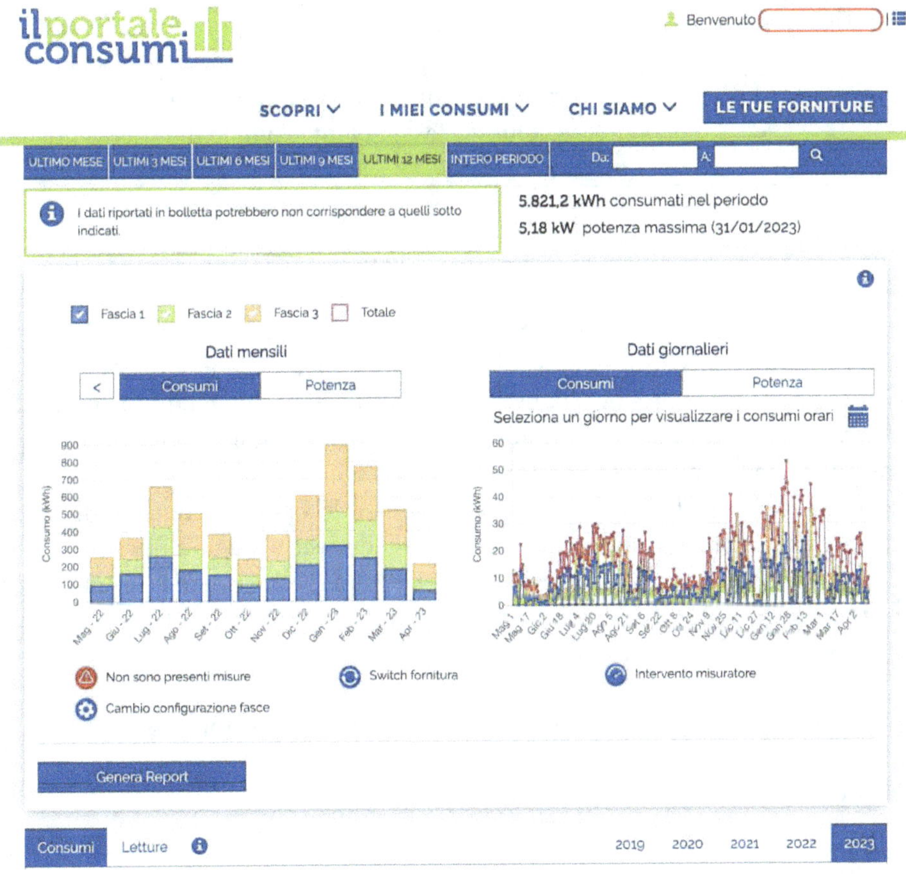

Di seguito invece andiamo a vedere le fasce orarie definite dall'Arera e come queste possono impattare nel progetto di un impianto fotovoltaico:

Fasce orarie dell'energia elettrica definite dall'Autorità (ARERA)

F1 (ore di punta)	8-19 da lunedì a venerdì, festività nazionali escluse
F2 (ore intermedie)	7-8 la mattina, 19-23 da lunedì a venerdì e 7-23 il sabato, festività nazionali escluse
F3 (ore fuori punta)	24-7 e 23-24 da lunedì a sabato, domenica e festivi tutte le ore della giornata
F23 (o F2+F3)	19-8 tutti i giorni, il sabato e la domenica e i giorni festivi. Questa fascia comprende le ore incluse nelle fasce F2 e F3

Interpretazione dei dati

Conoscere i propri consumi e soprattutto conoscere come essi si sviluppano durante le giornate e quindi in quali delle fasce sopra indicate abbiamo i nostri picchi di richiesta energetica, consente di effettuare ragionamenti più completi ed eventualmente andare a modicare le nostre abitudini soprattutto dopo l'installazione di un impianto fotovoltaico.

Per esempio se installiamo un impianto senza le batterie di accumulo, sarà molto importante spostare tutti i consumi derivanti dagli elettrodomestici energivori, nelle ore centrali della giornata, quindi F1 nei feriali in modo da sfruttare la massima produzione dell'impianto che produce al suo massimo nelle ore centrali del giorno quando il sole è più forte.

Esempio analisi fabbisogno energetico e analisi economica

DATI

Fabbisogno energetico annuo	valore in kWh
Costo dell'energia prelevata dalla rete	valore €/kWh
Valore del contributo in conto scambio	valore €/kWh
Capacità di autoconsumo	valore %

CALCOLI

Spesa Annua Senza Fotovoltaico	Fabbisogno annuo x Costo dell'energia prelevata
Impianto Fotovoltaico	Fabbisogno annuo / Produzione media per kW
Autoconsumo Fabbisogno annuo x Capacità di autoconsumo	Fabbisogno annuo x Capacità di autoconsumo
Immissione in Rete	Fabbisogno annuo - Autoconsumo
Contributo in Conto Scambio	Immissione in Rete x Valore del contributo
Spesa Annua con Fotovoltaico	Spesa per energia prelevata - Contributo in Conto Scambio

RISULTATI

Risparmio annuo grazie al fotovoltaico	Spesa senza fotovoltaico - Spesa con fotovoltaico
Percentuale di Risparmio	(Risparmio annuo / Spesa senza fotovoltaico) x 100

La simulazione dell'impianto

È chiaro che, con l'avvento dei nuovi software, oggi giorno si può simulare un impianto fotovoltaico posizionato esattamente nel luogo previsto d'installazione, inserendo tutti i dati di consumo energetico e tutti gli altri parametri necessari, in questo modo potremmo avere un report chiaro e dettagliato di come andrà a funzionare l'impianto una volta messo in funzione, avendo così chiari tutti i parametri economici, sia nel breve che lungo periodo, determinando anche l'impatto positivo sul pianeta e l'ambiente.

Ecco un esempio del simulatore utilizzato dal player ilfotovoltaicofacile.it:

Proposta per Mario Rossi

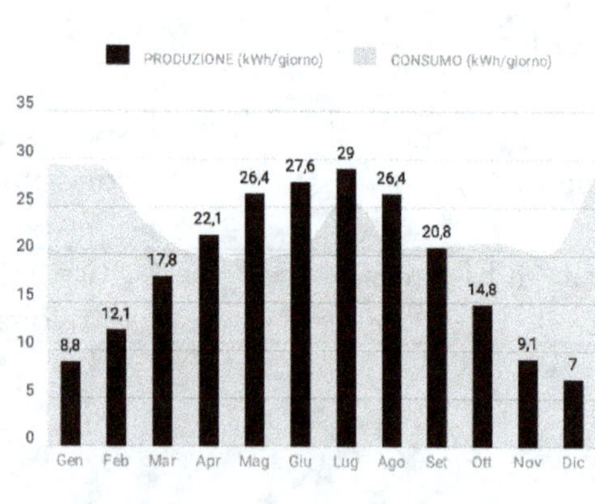

Proposta per Mario Rossi

Come funziona il suo sistema

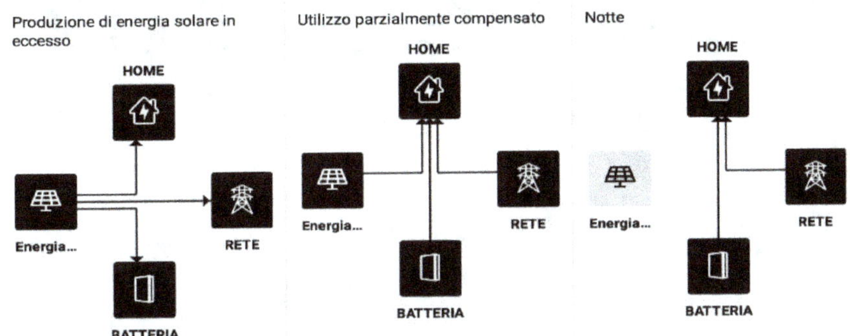

Flusso energetico giornaliero

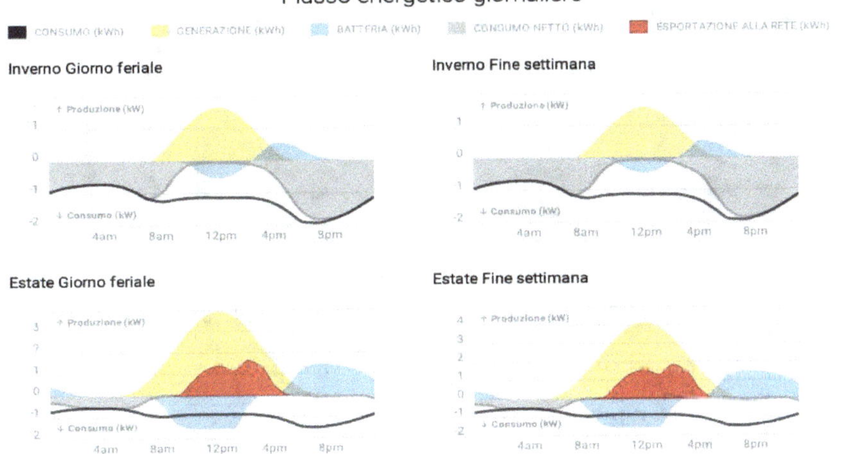

Benefici ambientali

L'energia solare non produce emissioni. Produce solo energia pura, pulita e in modo silenzioso

Ogni anno

80%
DI CO_2, SO_x & NO_x

3 tonnellate
CO_2 all'anno evitato

Per la durata del sistema

87.193
Km automobilistici
evitati

561
Alberi piantati

62
Voli a lungo raggio
evitati

Proposta per Mario Rossi

Risparmi in bolletta

Risparmio mensile sulle bollette del primo anno

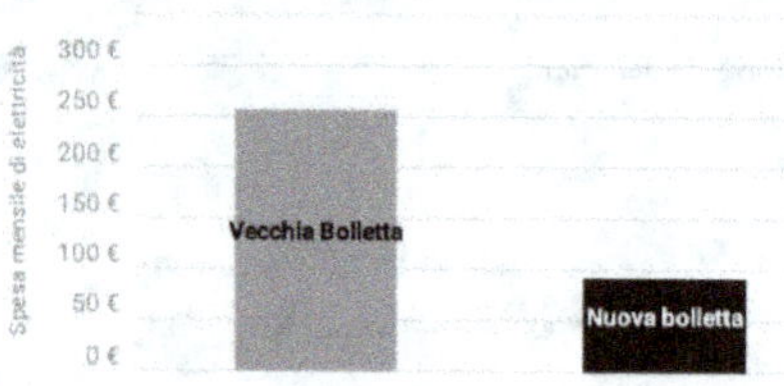

Risparmio cumulativo sulla bolletta

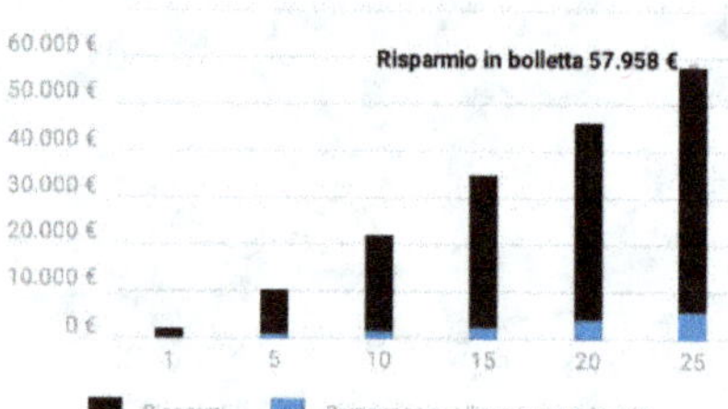

Impatto finanziario netto Trasferimento Bancario

57.958 € − **8.225 €** = **49.733 €**

Risparmio sulla bolletta   Costo netto del sistema   Risparmio netto stimato

Risparmio cumulativo dall'utilizzo di energia solare

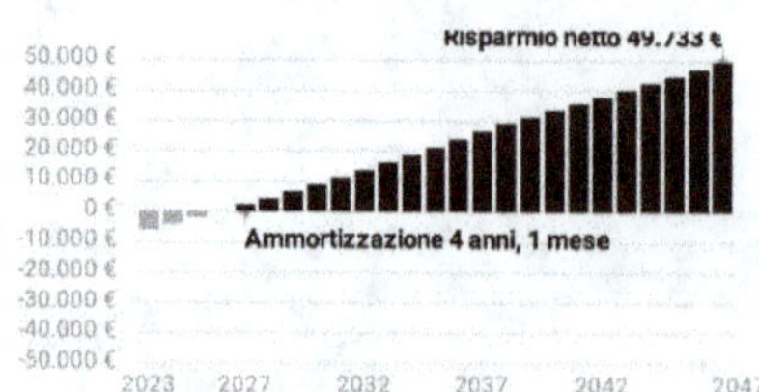

Risparmio annuale dall'utilizzo di energia solare

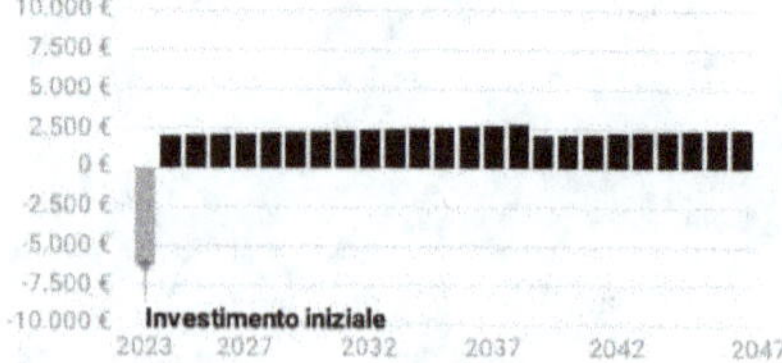

Grazie all'uso di strumenti professionali e affidandosi a esperti che sanno come impiegarli, la progettazione e l'installazione di un impianto fotovoltaico diventano processi accessibili e semplici per tutti.

Inclinazione e Orientamento dei Pannelli Solari

L'efficienza di un impianto fotovoltaico è influenzata dall'inclinazione e dall'orientamento dei pannelli solari rispetto al sole. In diverse regioni, l'angolazione ideale corrisponde alla latitudine locale. L'orientamento ottimale è verso sud negli emisferi settentrionali e verso nord in quelli meridionali. Si deve però tenere conto di fattori come ombreggiamenti causati da edifici o alberi.

Calcolo della Superficie Disponibile

È fondamentale disporre di spazio sufficiente per posizionare in modo ottimale i pannelli solari. Misurare l'area disponibile, sia sul tetto che a terra, è cruciale per determinare il numero di pannelli installabili.

Efficienza dei Pannelli Solari

I pannelli solari variano in efficienza di conversione. Quelli più efficienti producono più energia per metro quadrato rispetto a quelli meno efficienti, ma tendono ad essere più costosi. È importante bilanciare efficienza e budget.

Calcolo della Potenza dell'Inverter

Gli inverter trasformano l'energia prodotta dai pannelli solari in energia utilizzabile in casa. La loro potenza dovrebbe essere proporzionata alla capacità dei pannelli. Un inverter troppo grande o troppo piccolo può influire negativamente sulla produzione energetica.

Batterie di Accumulo

L'uso di batterie di accumulo può migliorare notevolmente l'autoconsumo dell'energia prodotta dal sistema fotovoltaico, consentendo l'uso dell'energia solare anche di notte o quando la produzione è inferiore al consumo. L'efficacia dell'autoconsumo dipende dalla dimensione della batteria e dall'efficienza del sistema di gestione dell'energia. L'installazione di una batteria comporta costi aggiuntivi, che devono essere valutati rispetto ai benefici in termini di autoconsumo e riduzione dei costi energetici.

Considerazioni sulle Batterie di Accumulo

La scelta delle batterie di accumulo in un impianto fotovoltaico è influenzata dalle abitudini di consumo dell'utente e dalla dimensione dell'impianto. È importante valutare lo spazio e il costo aggiuntivo, poiché possono migliorare significativamente l'autoconsumo e l'indipendenza energetica.

Previsione per Espansioni Future

Se possibile, è consigliabile progettare un impianto fotovoltaico che possa essere espanso in futuro. Aggiungere pannelli solari dovrebbe essere un processo semplice che non richiede modifiche sostanziali all'impianto esistente.

Consultazione con Professionisti del Settore

La progettazione di un impianto fotovoltaico può essere complessa. Rivolgersi a un professionista esperto può garantire un dimensionamento adeguato e un'installazione corretta.

In conclusione, la progettazione di un impianto fotovoltaico richiede una valutazione accurata dei bisogni energetici, delle condizioni locali e delle specifiche tecniche dei componenti. Un'attenta considerazione di tutti questi aspetti può portare a un impianto efficiente e vantaggioso economicamente nel lungo termine.

Capitolo 5: Vantaggi Economici dell'Energia Solare

L'energia solare non è solo una scelta ecologicamente sostenibile, ma rappresenta anche un'opzione vantaggiosa dal punto di vista finanziario. L'installazione di un impianto fotovoltaico in casa o in azienda offre numerosi benefici economici, che superano la semplice riduzione delle emissioni di carbonio. Esploriamo in questo capitolo i vari modi in cui l'energia solare può portare a risparmi economici concreti.

Efficienza Energetica e Benefici Economici sulla Fattura Elettrica

L'uso dell'energia solare offre il chiaro vantaggio di diminuire notevolmente i costi della fattura elettrica. Installando un sistema fotovoltaico adeguatamente calibrato, si può produrre una quantità sostanziale dell'elettricità richiesta per la propria abitazione o attività commerciale. Ciò si riflette in un risparmio immediato sulle spese per l'energia prelevata dalla rete elettrica. La misura del risparmio varia a seconda della grandezza del sistema, della disponibilità di luce solare nella vostra zona e di quanto si sceglie di consumare autonomamente invece di rilasciare in rete.

Guadagno dalla Vendita dell'Energia Superflua alla Rete

È fattibile non solo risparmiare sull'energia tratta dalla rete, ma anche lucrare vendendo l'energia surplus generata dal vostro sistema fotovoltaico. Se il sistema produce più energia di quella che consumate, l'eccedenza può essere immessa nella rete elettrica nazionale. In Italia, esistono principalmente due programmi di incentivi che permettono ai detentori di sistemi fotovoltaici di vendere l'energia extra a tariffe favorevoli, creando un profitto addizionale. Questi sono: lo scambio sul posto e il ritiro dedicato.

Scambio sul Posto

Il meccanismo di Scambio sul Posto permette ai detentori di sistemi fotovoltaici di usare l'energia prodotta localmente per i propri bisogni e di vendere l'eventuale eccesso alla rete elettrica. Questo sistema si basa su una regola semplice: l'energia ceduta alla rete viene compensata con quella prelevata dalla rete. Il metodo per calcolare il contributo dello scambio sul posto si determina in base all'energia immessa e prelevata dalla rete, misurata in kilowattora (kWh). I possessori di sistemi fotovoltaici ottengono un compenso per ogni kWh di energia immessa in rete, il cui valore cambia secondo diversi fattori, inclusi i costi di mercato dell'energia.

Esempio:
Immaginiamo di avere un sistema fotovoltaico che produce 5.000 kWh annui e che il valore del contributo per lo scambio sul posto sia di 0,20 €/kWh. Utilizzando 3.000 kWh dell'energia prodotta per i consumi domestici e immettendo 2.000 kWh in rete, il calcolo del contributo sarà: Contributo = kWh immessi x Valore contributo per lo scambio sul posto Contributo = 2.000 kWh x 0,20 €/kWh = 400 € In questa situazione, riceverete un contributo di 400 € per l'energia immessa in rete.

Ritiro Dedicato

Il Ritiro Dedicato è un sistema di vendita dell'energia surplus che implica un accordo diretto con il Gestore dei Servizi Energetici (GSE). Qui, i proprietari di sistemi fotovoltaici vendono l'energia prodotta in eccesso al GSE a tariffe stabilite. Questo sistema offre maggiore costanza rispetto allo Scambio sul Posto, dato che gli accordi sono a lungo termine e le tariffe sono assicurate per un periodo definito. Tuttavia, è da considerare che normalmente questo incentivo è vantaggioso per impianti di grandi dimensioni, non domestici.

Esempio:
Supponiamo di avere un sistema fotovoltaico che produce 80.000 kWh all'anno e che avete firmato un accordo di Ritiro Dedicato con il GSE a una tariffa di 0,25 €/kWh. Il calcolo dei profitti dalla vendita dell'energia sarebbe: Guadagno = kWh prodotti x Tariffa di Ritiro Dedicato Guadagno = 80.000 kWh x 0,25 €/kWh = 20.000 € Percepirete un profitto di 20.000 € dalla vendita dell'energia in eccesso al GSE.
Entrambi i sistemi, Scambio sul Posto e Ritiro Dedicato, offrono opportunità valide per ottenere un rendimento finanziario dall'energia prodotta dal vostro sistema fotovoltaico. La scelta tra i due dipenderà dalla dimensione del vostro impianto e dalle condizioni del mercato energetico.

Incentivi Fiscali e Agevolazioni

In diversi paesi, inclusa l'Italia, i proprietari di sistemi fotovoltaici possono godere di incentivi fiscali e facilitazioni per promuovere l'adozione dell'energia solare. Uno dei maggiori incentivi è la detrazione fiscale, che permette di sottrarre una percentuale dei costi d'installazione dalle tasse sul reddito. Questa detrazione può offrire un vantaggio finanziario considerevole, riducendo ulteriormente il costo totale dell'impianto.

Detrazione Fiscale al 50% per le Famiglie: Modalità

Una ragione convincente per installare un sistema fotovoltaico è la possibilità di beneficiare di una detrazione fiscale del 50% sulle spese sostenute. Questo incentivo rappresenta un forte stimolo per le famiglie italiane che desiderano adottare energie più sostenibili e tagliare i costi energetici.

Detrazione Fiscale al 50%: Cos'è e Come Funziona

La detrazione fiscale al 50% è un vantaggio offerto dallo stato italiano alle famiglie che investono nell'efficienza energetica e nelle fonti rinnovabili, come il fotovoltaico. Con questo meccanismo, è possibile detrarre il 50% delle spese per acquisto e installazione di un sistema fotovoltaico dalla dichiarazione dei redditi. Esempio: Diciamo che hai speso 10.000 € per installare un sistema fotovoltaico sul tetto. Con la detrazione fiscale al 50%, puoi sottrarre il 50% di questa spesa dalle tue tasse, risparmiando così 5.000 €.

Esempio Pratico:
• Spesa Totale per il sistema fotovoltaico: 10.000 €
• Detrazione Fiscale al 50%: 5.000 € suddivisa in 10 anni, ovvero 500€/anno. Ciò significa che, nella tua dichiarazione dei redditi annuale, potrai dedurre 500 € dalla tua imposta dovuta. Per esempio, se devi pagare 700 € di tasse, con la detrazione fiscale, pagherai solo 200 €.

Requisiti e Procedure

È cruciale notare che ci sono requisiti e procedure specifici per accedere alla detrazione fiscale al 50%. Ad esempio, il sistema deve essere installato da tecnici qualificati, deve aderire a certi standard tecnici e deve essere connesso alla rete elettrica. Inoltre, è essenziale mantenere tutta la documentazione relativa all'acquisto e all'installazione del sistema fotovoltaico, in quanto potrebbe essere necessaria in caso di ispezioni fiscali. La detrazione fiscale al 50% è un'opportunità reale per alleggerire i costi dell'investimento in un sistema fotovoltaico e rendere l'adozione di energia solare ancora più conveniente per le famiglie italiane.

Benefici a Lungo Termine

Oltre ai risparmi immediati sulla fattura elettrica, l'energia solare porta vantaggi a lungo termine. I sistemi fotovoltaici sono progettati per una durata di almeno 25 anni e, con adeguata manutenzione, possono durare ancora di più. Questo significa che negli anni continuerete a risparmiare sulla fattura elettrica e a godere degli incentivi, realizzando un ritorno sull'investimento nel lungo periodo.

Verso la Sostenibilità Economica

Adottare l'energia solare migliora non solo l'ambiente ma anche l'economia personale. La riduzione dei costi energetici, la possibilità di guadagnare dalla vendita dell'energia in eccesso e gli incentivi fiscali rendono l'energia solare una scelta interessante sia per i proprietari di abitazioni che per le aziende, contribuendo a una maggiore indipendenza energetica e a un futuro più sostenibile.

Capitolo 6: Guasti più comuni e Soluzioni negli Impianti Fotovoltaici

Durata e Guasti negli Impianti Fotovoltaici

Durante la loro vita operativa, gli impianti fotovoltaici possono incontrare vari tipi di guasti. Questi possono essere causati da condizioni climatiche avverse, usura delle componenti o difetti di produzione. La buona notizia è che molti di questi problemi sono rilevabili e risolvibili tramite manutenzione regolare e interventi tempestivi.

Problemi Comuni nelle Celle Fotovoltaiche

- **Corto Circuito delle Celle Solari:** Un problema frequente è il corto circuito delle celle solari. Questo si verifica quando i raggi ultravioletti danneggiano la resina protettiva delle celle, causando un corto circuito che può interrompere o ridurre la produzione di energia. La soluzione prevede la pronta sostituzione delle celle danneggiate.

- **Effetto PID (Potential Induced Degradation):** Questo effetto può ridurre la potenza dell'impianto fino al 70%. Si verifica quando le celle accumulano cariche superficiali che, per via di un isolamento insufficiente, si disperdono verso terra. Prevenire l'Effetto PID è possibile con l'installazione di impianti fotovoltaici di alta qualità dotati di resistenza PID integrata.

Guasti Causati da Condizioni Atmosferiche

- **Fulmini:** Anche se rari, i fulmini possono danneggiare i pannelli solari e le componenti elettroniche. L'installazione di sistemi parafulmine adeguati alle normative aiuta a proteggere l'impianto.
- **Eccessivo Irraggiamento Solare:** Raggi ultravioletti intensi o alte temperature possono influenzare negativamente il rendimento delle celle. Mantenere i moduli sotto i 25°C e assicurarsi che non siano ombreggiati o sporchi aiuta a mitigare questo problema.

- **Neve, Foglie e Grandine:** Questi elementi possono ridurre l'assorbimento solare o causare danni ai pannelli. In particolare, la grandine, con le sue dimensioni crescenti, rappresenta un rischio aumentato di danni ai pannelli.

Se una pulizia periodica dei pannelli può attenuare l'effetto di agenti atmosferici "leggeri", una protezione più robusta potrebbe diventare necessaria per affrontare eventi di grandine di grande intensità.

Considerare la sottoscrizione di un'assicurazione contro grandine e altri agenti atmosferici, rimane il metodo più efficace per mettersi a riparo dalle bizze imprevedibili della natura.

Surriscaldamento nelle Celle Fotovoltaiche: Hot-Spot

L'hot-spot si verifica quando celle ombreggiate o sporche si surriscaldano, compromettendo il funzionamento dell'intero impianto. Una progettazione accurata e manutenzione regolare dei pannelli sono cruciali per prevenire il surriscaldamento.

Guasti dell'Inverter

- **Problema:** Gli inverter, elementi cruciali negli impianti fotovoltaici per la conversione dell'energia solare in energia utilizzabile, possono subire guasti che causano l'arresto della produzione energetica.
- **Soluzione:** È fondamentale controllare periodicamente lo stato dell'inverter e monitorare i segnali di errore. In caso di guasto, seguire le istruzioni del produttore per la riparazione. Se l'inverter è irrimediabilmente danneggiato, occorre sostituirlo.

Ombreggiamento

- **Problema:** Ombreggiamento parziale o totale di uno o più pannelli solari può ridurre drasticamente la produzione energetica dell'impianto.
- **Soluzione:** Identificare le fonti di ombreggiamento e valutare il taglio o la potatura. L'uso di ottimizzatori di potenza o microinverter su ogni pannello può minimizzare l'effetto dell'ombreggiamento, permettendo a ciascun pannello di funzionare in modo ottimale.

Malfunzionamenti delle Batterie (se presenti)

- **Problema:** Nei sistemi con batterie, i problemi possono variare da una ridotta efficienza alla completa incapacità di immagazzinare o rilasciare energia.
- **Soluzione:** Monitorare lo stato delle batterie regolarmente e sostituire quelle danneggiate o con capacità ridotta, seguendo le indicazioni del produttore per la manutenzione e l'uso corretto delle batterie.

Interferenze Elettromagnetiche o Interconnessioni Difettose

- **Problema:** Interferenze elettromagnetiche o connessioni elettriche inadeguate possono causare interruzioni o malfunzionamenti dell'impianto.
- **Soluzione:** Assicurarsi che tutte le connessioni elettriche siano correttamente collegate e isolate per evitare cortocircuiti o interruzioni. Verificare inoltre l'assenza di apparecchiature elettroniche nelle vicinanze che potrebbero generare interferenze.

Soluzioni e Manutenzione

La manutenzione regolare e il monitoraggio costante, anche attraverso servizi di gestione da remoto, sono essenziali. Controlli periodici, ispezioni visive e la pulizia dei pannelli possono prevenire molti problemi. In caso di guasti, è cruciale intervenire tempestivamente per sostituire componenti danneggiate e mantenere le prestazioni ottimali dell'impianto.

Una progettazione accurata e l'uso di componenti di alta qualità e tecnologie avanzate, come inverter efficienti, sono fondamentali per ridurre il rischio di guasti. Per maggiore sicurezza, è raccomandabile valutare l'assicurazione dell'impianto, che può coprire danni, guasti e altre eventualità, proteggendo così l'investimento.

Combinando manutenzione regolare, progettazione attenta e una polizza assicurativa adeguata, è possibile gestire efficacemente i guasti degli impianti fotovoltaici, assicurando un rendimento costante nel tempo.

Capitolo 7: Direttive Europee, Efficienza Energetica, Sfide Attuali, Tecnologie Emergenti

Nel panorama attuale dell'energia e dell'ambiente, le direttive europee giocano un ruolo fondamentale nel plasmare il futuro dell'efficienza energetica e della sostenibilità. Uno dei principali obiettivi è la riduzione delle emissioni di gas serra e il consumo di energia, con un occhio attento all'industria delle costruzioni e al settore immobiliare. La direttiva EPBD ("case green"), ovvero l'Energy Performance of Buildings Directive, si erge come un faro guida in questo contesto, promuovendo il miglioramento energetico degli edifici esistenti e la costruzione di nuove strutture altamente efficienti dal punto di vista energetico.

Obiettivi Ambiziosi

L'obiettivo ambizioso di questa direttiva è ridurre le emissioni nocive del 55% entro il 2030 rispetto ai livelli del 1990. Gli edifici, che rappresentano il 40% del consumo energetico complessivo dell'UE, hanno un ruolo cruciale in questo processo. Attraverso il raggiungimento delle classi energetiche sempre più elevate, si mira a migliorare la qualità dell'aria, ridurre i costi energetici per famiglie e imprese, e contribuire alla transizione verso una società a basse emissioni di carbonio.

Classi Energetiche e Scadenze

La direttiva prevede il raggiungimento di specifiche classi energetiche entro scadenze prestabilite.
Gli edifici residenziali dovranno migliorare le loro prestazioni energetiche raggiungendo almeno la classe energetica E entro il 2030 e la classe D entro il 2033.
Gli altri edifici, inclusi quelli non residenziali e pubblici, seguiranno un percorso simile. Tutti gli edifici di nuova costruzione dovranno raggiungere lo standard di emissioni zero a partire dal 2028.

Normative Future e Importanza del Fotovoltaico

Guardando al futuro, è essenziale comprendere le scadenze imposte dalla direttiva EPBD. Nel 2030, tutti gli edifici dovranno raggiungere uno standard quasi a zero emissioni. Questo mette in risalto l'importanza dell'integrazione di fonti di energia rinnovabile, come il fotovoltaico. In questo contesto, il fotovoltaico gioca un ruolo chiave nell'abbattere il consumo energetico da fonti non rinnovabili, contribuendo così alla riduzione delle emissioni e al raggiungimento degli obiettivi di efficienza energetica.

L'Impatto della Crisi Ucraina sulla Sicurezza Energetica Europea

Mentre l'Europa persegue un futuro sostenibile, sfide geopolitiche come la crisi in Ucraina hanno un impatto significativo sull'approvvigionamento energetico e sulla stabilità regionale. La dipendenza dell'UE da fonti energetiche esterne evidenzia l'urgenza di rafforzare la sicurezza energetica, promuovendo la diversificazione delle fonti e migliorando l'efficienza energetica.
Le direttive europee, ad esempio quelle sulla prestazione energetica degli edifici, stanno indirizzando una trasformazione nel settore immobiliare e nella gestione dell'energia. Sebbene presentino sfide, queste normative offrono anche opportunità per uno sviluppo sostenibile e un futuro migliore per le generazioni future. L'equilibrio tra ambizioni e fattibilità è fondamentale per un'implementazione efficace, consentendo a tutti di contribuire alla realizzazione di un'Europa più ecologica e rispettosa dell'ambiente, nonostante un contesto geopolitico complesso.
L'evoluzione costante nel settore energetico è frutto dell'innovazione tecnologica ininterrotta. Attualmente, alcune tecnologie emergenti stanno guadagnando attenzione perché offrono soluzioni per sfide critiche legate all'energia e all'ambiente. Due di queste sfide, la riduzione delle emissioni di carbonio e il miglioramento dell'efficienza energetica, stanno guidando la ricerca e lo sviluppo verso percorsi innovativi.

Capitolo 8: Tecnologie Emergenti e Innovazione nel Settore Energetico

Veicoli Elettrici e Infrastrutture di Ricarica

Nell'ambito del passaggio a un futuro sostenibile, i veicoli elettrici svolgono un ruolo fondamentale nel settore dei trasporti. Di fronte alla crescente consapevolezza dell'impatto ambientale dei veicoli a combustione interna, i veicoli elettrici emergono come una soluzione efficace per ridurre l'inquinamento atmosferico e la dipendenza dai combustibili fossili. Questa sezione esamina il ruolo dei veicoli elettrici e delle relative infrastrutture di ricarica nel contesto della mobilità sostenibile.

Veicoli Elettrici

I veicoli elettrici (VE) rappresentano un'alternativa ecologica ai veicoli convenzionali a motore a combustione interna.
Funzionando grazie a batterie elettriche ricaricabili, i VE eliminano le emissioni dirette di gas nocivi durante la guida.
Sono disponibili in diverse categorie, tra cui automobili, biciclette monopattini e persino veicoli commerciali.
Gli sviluppi tecnologici hanno portato a un aumento dell'autonomia dei veicoli elettrici e alla riduzione dei costi delle batterie, rendendo più accessibile la transizione verso questa forma di mobilità.

Un esempio tangibile dell'efficacia dei VE è l'adozione di massa delle automobili elettriche da parte dei consumatori.
Case automobilistiche di fama mondiale producono modelli esclusivamente elettrici, che vantano autonomie considerevoli e prestazioni paragonabili a quelle dei veicoli tradizionali.
Questo ha dimostrato che la tecnologia dei veicoli elettrici non solo è possibile, ma è in grado di competere con successo nel mercato automobilistico.

Infrastrutture di Ricarica

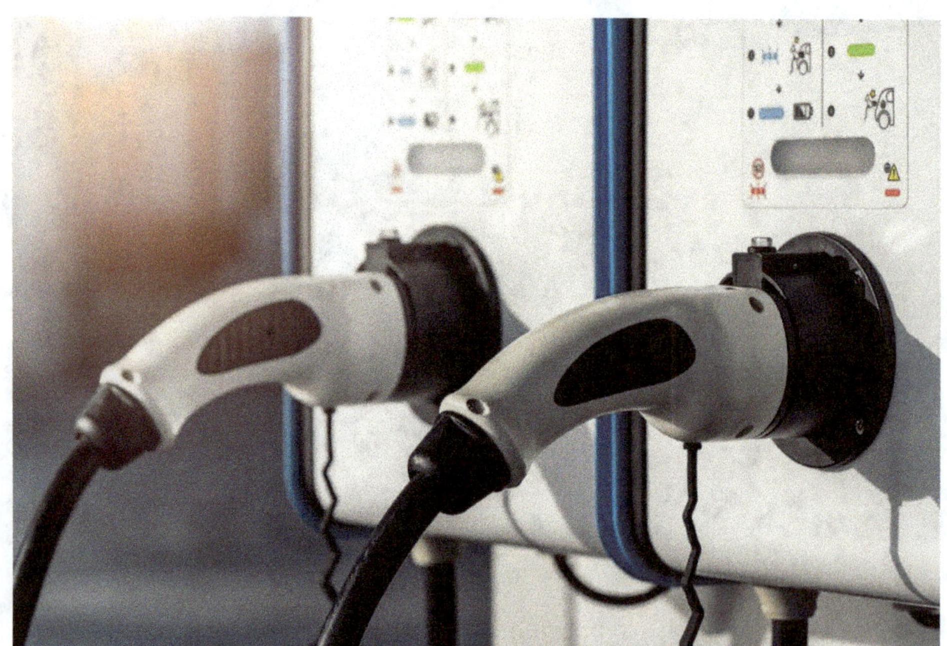

La diffusione dei veicoli elettrici (VE) è strettamente legata alla presenza di un'efficace infrastruttura di ricarica. Queste stazioni sono fondamentali per facilitare l'uso quotidiano dei VE, garantendo la ricarica comoda e accessibile delle batterie. Ciò include non solo la presenza di stazioni di ricarica nelle aree urbane, ma anche lungo le principali vie di comunicazione per supportare viaggi più lunghi.

Un esempio notevole è l'installazione di stazioni di ricarica veloce lungo le autostrade, un passo essenziale per superare l'ansia da autonomia, un timore diffuso tra i potenziali acquirenti di VE. La presenza di stazioni di ricarica rapida permette ai guidatori di pianificare viaggi più estesi senza preoccupazioni di esaurimento energetico.

L'adozione dei VE e lo sviluppo di infrastrutture di ricarica stanno plasmando un futuro di trasporti sostenibili. La popolarità dei VE non dipende solo dalla qualità dei veicoli disponibili, ma anche da un'infrastruttura di ricarica adeguata alle esigenze dei guidatori moderni, promuovendo una mobilità più sostenibile ed efficiente.

Idrogeno Verde: Un'Alternativa Sostenibile per lo Stoccaggio Energetico

L'idrogeno verde sta emergendo come un'innovazione significativa nel settore energetico. Prodotto tramite elettrolisi dell'acqua usando energia rinnovabile, separa acqua in idrogeno e ossigeno, risultando in un combustibile pulito che può essere immagazzinato e utilizzato all'occorrenza. Questo supera le sfide dell'intermittenza delle fonti rinnovabili.

Nel settore dei trasporti, i veicoli a idrogeno stanno guadagnando attenzione per la loro autonomia elevata e tempi di ricarica brevi. Inoltre, l'idrogeno verde ha applicazioni nell'industria chimica, come nella produzione di ammoniaca, offrendo processi più sostenibili rispetto ai metodi tradizionali.

Cattura e Stoccaggio del Carbonio (CCS): Combattere le Emissioni di Carbonio

La tecnologia di cattura e stoccaggio del carbonio (CCS) rappresenta una soluzione fondamentale nella lotta al cambiamento climatico. Questo processo prevede la cattura delle emissioni di carbonio da impianti industriali o centrali elettriche e il loro stoccaggio in depositi geologici per prevenirne il rilascio nell'atmosfera.

Per esempio, in una centrale a carbone, l'utilizzo della tecnologia CCS può ridurre notevolmente le emissioni di carbonio. CCS offre una via per mitigare l'impatto ambientale delle attività industriali più inquinanti, consentendo una transizione più sostenibile verso fonti energetiche più pulite.

Reti Intelligenti per un Uso Ottimizzato dell'Energia

Le reti intelligenti, note come smart grid, sono un'innovazione fondamentale per l'efficienza energetica. Questi sistemi avanzati combinano tecnologie di monitoraggio e controllo per assicurare una distribuzione efficiente dell'energia elettrica. Nella pratica, ciò si traduce in una gestione più efficace delle risorse energetiche e facilita l'integrazione di fonti rinnovabili decentralizzate.

Un esempio concreto di smart grid è l'uso dei contatori intelligenti nelle abitazioni. Questi dispositivi permettono ai consumatori di monitorare in tempo reale il proprio consumo energetico e di adottare misure per ridurre gli sprechi. Inoltre, le smart grid facilitano l'adozione su larga scala dei veicoli elettrici, grazie alla gestione intelligente della ricarica e alla distribuzione ottimizzata dell'energia.

Progresso nelle Batterie: Oltre le Litio-Ion

Nel campo delle batterie, si sta verificando un'altra rivoluzione tecnologica. Sebbene le batterie al litio-ion abbiano rivoluzionato il settore delle energie rinnovabili e della mobilità elettrica, nuove tecnologie di batterie promettono miglioramenti ancora maggiori. Le batterie a stato solido, ad esempio, potrebbero superare le batterie al litio-ion in termini di densità energetica, durata e sicurezza.

Una delle principali applicazioni è lo stoccaggio su larga scala dell'energia prodotta da fonti rinnovabili intermittenti come il solare e l'eolico. Queste batterie avanzate potrebbero immagazzinare energia in eccesso durante i picchi di produzione e rilasciarla in periodi di minor produzione, garantendo un flusso costante di energia e minimizzando gli sprechi.

Innovazione Oltre la Tecnologia: Modelli di Business e Collaborazioni

L'innovazione nel settore energetico non si limita alle sole tecnologie, ma si estende anche ai modelli di business e alle collaborazioni interaziendali. Gli investimenti in startup energetiche stanno generando un ecosistema dinamico che favorisce lo sviluppo e l'adozione di soluzioni innovative. La convergenza tra il settore energetico e le tecnologie dell'informazione sta aprendo nuove possibilità, permettendo un controllo dettagliato del consumo energetico e un'ottimizzazione dell'uso delle risorse.

Un esempio concreto di questa innovazione è l'integrazione dei sistemi energetici con l'intelligenza artificiale. Questi sistemi possono prevedere la domanda energetica futura analizzando dati storici e modelli di consumo, regolando la produzione e la distribuzione di energia in modo più efficiente.

Innovazione per una Trasformazione Energetica

L'evoluzione del settore energetico è plasmata dall'incessante innovazione tecnologica. L'idrogeno verde, la cattura e stoccaggio del carbonio, le reti intelligenti e le batterie avanzate sono solo alcune delle soluzioni in rapida crescita. Tuttavia, sfide come l'efficienza tecnologica, la sostenibilità economica e le necessarie regolamentazioni rimangono da affrontare. Solo affrontando queste sfide, possiamo tradurre il potenziale di queste tecnologie in soluzioni concrete, rivoluzionando il modo in cui generiamo, distribuiamo e consumiamo energia.

Capitolo 9: Trasformazione Energetica per Affrontare le Sfide Ambientali Globali

La Trasformazione Energetica e la Sfida Globale dei Cambiamenti Climatici

La trasformazione energetica è strettamente collegata alla sfida globale dei cambiamenti climatici e alla necessità di affrontare le problematiche ambientali in crescita a livello mondiale. In questo capitolo, analizzeremo il modo in cui passare a fonti di energia sostenibili può aiutare a risolvere alcune delle più pressanti questioni ambientali, promuovendo la tutela dell'ambiente per le generazioni future.

Cambiamenti Climatici e Riduzione delle Emissioni di Gas Serra

Un fattore principale che guida la trasformazione energetica è l'urgenza di ridurre le emissioni di gas serra, che sono i principali responsabili dei cambiamenti climatici. Le fonti energetiche tradizionali, come il carbone e il petrolio, sono importanti produttori di questi gas inquinanti. È fondamentale passare a fonti rinnovabili e tecnologie a bassa emissione di carbonio per limitare l'incremento delle temperature a livello globale. Ad esempio, energie come quella solare, eolica e idroelettrica non emettono gas serra durante la generazione di energia.

Inquinamento dell'Aria e della Terra

Oltre ai gas serra, la produzione e il consumo di energia convenzionale possono causare inquinamento atmosferico e del suolo. Le centrali a carbone, ad esempio, emettono anidride carbonica e sostanze tossiche come zolfo, ossidi di azoto e particolato. Tali inquinanti hanno un impatto negativo sulla salute umana e sull'ambiente. La trasformazione energetica mira a ridurre l'inquinamento dell'aria sostituendo fonti inquinanti con fonti più pulite e utilizzando tecnologie come la cattura e lo stoccaggio del carbonio per ridurre le emissioni delle centrali a carbone.

Conservazione delle Risorse Naturali

Le fonti di energia tradizionali sono spesso legate all'estrazione e al consumo intensivo di risorse naturali finite. L'estrazione di petrolio, carbone e gas naturale può portare a danni ambientali e impatti negativi sulle comunità locali. Il consumo eccessivo di risorse non rinnovabili solleva inoltre preoccupazioni sulla loro disponibilità futura. In contrasto, le fonti di energia rinnovabile si basano su risorse naturali abbondanti come la luce solare e il vento, che sono inesauribili nel breve periodo. Questo favorisce la conservazione di risorse limitate e riduce l'impatto sull'ambiente.

Conservazione dell'Acqua

La produzione di energia convenzionale richiede grandi quantità d'acqua, esercitando pressioni sulle già limitate riserve d'acqua dolce. Tecnologie energetiche avanzate, come i pannelli solari e le turbine eoliche, richiedono meno acqua rispetto alle centrali termoelettriche a combustibili fossili. Inoltre, la produzione di biocombustibili da biomasse può essere più efficiente in termini di consumo d'acqua rispetto ai combustibili fossili tradizionali.

Biodiversità e Conservazione degli Ecosistemi

La perdita di habitat causata dalla produzione e dall'estrazione di energia convenzionale può contribuire alla riduzione della biodiversità e alla distruzione degli ecosistemi. La trasformazione energetica offre la possibilità di mitigare questo impatto. Ad esempio, l'installazione di impianti solari su terreni già degradati o inutilizzati può prevenire la conversione di aree naturali in siti industriali. Inoltre, lo sviluppo di tecnologie energetiche che si integrano con l'ambiente, come le turbine eoliche marine che possono fungere da habitat artificiali per alcune specie marine, contribuisce alla conservazione della biodiversità.

Innovazione Tecnologica e Ricerca

Affrontare le sfide ambientali richiede un impegno continuo nell'innovazione tecnologica e nella ricerca scientifica. La trasformazione energetica stimola lo sviluppo di tecnologie sempre più efficienti e sostenibili. Inoltre, la collaborazione internazionale nel settore energetico può accelerare la diffusione di soluzioni innovative. Investire in ricerca e sviluppo in energie rinnovabili e tecnologie a basse emissioni di carbonio è cruciale per rispondere efficacemente alle sfide ambientali globali.

Conclusioni

La trasformazione energetica svolge un ruolo cruciale nell'affrontare le sfide ambientali globali. La riduzione delle emissioni, la conservazione delle risorse naturali, la promozione dell'efficienza energetica e l'innovazione tecnologica sono elementi chiave per un futuro sostenibile del pianeta. Attraverso politiche adeguate, investimenti mirati e un impegno condiviso a livello internazionale, la transizione verso fonti di energia pulite può avere un impatto significativo sulla conservazione dell'ambiente e sulla mitigazione dei cambiamenti climatici.

Capitolo 10: Il Ruolo del Fotovoltaico nell'Economia Circolare

Sostenibilità e Riciclo dei Pannelli Solari: Approfondimento sulle pratiche di riciclo e riutilizzo dei materiali dei pannelli solari

Nell'era della sostenibilità, il fotovoltaico svolge un ruolo chiave non solo nella generazione di energia pulita, ma anche nel ciclo di vita dei suoi componenti. I pannelli solari, considerati pilastri della rivoluzione verde, sono al centro di un dibattito importante: il loro riciclo e riutilizzo. La questione centrale riguarda il destino di questi pannelli a fine vita, un aspetto che merita una riflessione approfondita per garantire un futuro sostenibile.

Il processo di riciclaggio dei pannelli solari inizia con la decommissione degli impianti. Questo passaggio richiede una pianificazione accurata per recuperare al massimo i materiali utili. I pannelli sono composti principalmente da vetro, silicio, metalli come argento, rame e alluminio, e plastiche. Ciascuno di questi materiali ha un percorso di riciclaggio specifico che può trasformarli in risorse preziose per nuove applicazioni. Il vetro, per esempio, viene frantumato e pulito per rimuovere le impurità e può essere riutilizzato in diversi settori, mentre il silicio, estratto dalle celle, può essere raffinato e reimpiegato nella produzione di nuovi pannelli o altri dispositivi elettronici.

Uno degli aspetti più stimolanti del riciclo dei pannelli solari è la ricerca di metodi sempre più efficienti e sostenibili. Le tecnologie di riciclaggio stanno progredendo rapidamente, mirando a massimizzare il recupero dei materiali e ridurre l'impatto ambientale. Alcuni studi si concentrano sul riutilizzo delle celle fotovoltaiche difettose o danneggiate per applicazioni meno esigenti, come l'illuminazione a basso consumo, offrendo una seconda vita a componenti altrimenti scartati.

Il riciclo dei pannelli solari è non solo una questione tecnica, ma anche economica e normativa. I costi associati al riciclaggio rappresentano una sfida significativa, soprattutto in relazione al valore dei materiali recuperati. La regolamentazione gioca un ruolo cruciale in questo contesto, promuovendo pratiche sostenibili e incentivando l'industria a investire in soluzioni innovative. Paesi come l'Unione Europea stanno già adottando normative specifiche per il riciclaggio dei pannelli solari, stabilendo standard e obiettivi di recupero che potrebbero servire da modello a livello globale.

Il riciclo dei pannelli solari è un tassello fondamentale nella costruzione di un ecosistema energetico sostenibile. Offre non solo una soluzione al problema dello smaltimento dei rifiuti, ma anche un'opportunità per promuovere un'economia circolare nel settore dell'energia. La ricerca continua e l'innovazione in questo campo sono essenziali per garantire che il fotovoltaico rimanga una fonte di energia veramente verde per le generazioni future.

Integrazione con Altre Fonti Rinnovabili: Sinergie tra fotovoltaico, eolico, idroelettrico e altre fonti rinnovabili

Nel vasto panorama delle energie rinnovabili, il fotovoltaico rappresenta una componente fondamentale, ma la sua efficacia e sostenibilità si moltiplicano quando si parla di integrazione con altre fonti come l'eolico e l'idroelettrico. Questa sinergia tra diverse tecnologie non è solo una visione futuristica, ma una realtà in crescita che sta ridefinendo il modo in cui pensiamo alla produzione energetica sostenibile.

Consideriamo il fotovoltaico: efficiente, versatile, ma limitato dalla variabilità del sole. L'integrazione con l'eolico, che produce energia anche di notte o durante giornate nuvolose, crea un equilibrio dinamico. Questa combinazione garantisce una produzione energetica più costante e affidabile, riducendo la dipendenza da fonti energetiche non rinnovabili e la necessità di grandi sistemi di stoccaggio.

L'idroelettrico, un'altra fonte rinnovabile consolidata, si inserisce in questo mosaico energetico con un ruolo complementare. Le centrali idroelettriche, in particolare quelle a flusso variabile, possono essere regolate per compensare le fluttuazioni della produzione fotovoltaica ed eolica. In questo modo, la combinazione di queste tre fonti può coprire un ampio spettro di esigenze energetiche, dal picco di consumo diurno alla domanda più costante durante la notte.

Oltre a questi benefici pratici, l'integrazione di varie fonti rinnovabili ha un impatto positivo anche sotto il profilo ambientale. Minimizzando l'utilizzo di combustibili fossili e riducendo la necessità di ampie aree per singoli impianti, questa strategia contribuisce alla conservazione delle risorse naturali e alla protezione della biodiversità.

La sinergia tra fotovoltaico, eolico e idroelettrico è anche un catalizzatore per l'innovazione tecnologica. L'integrazione di queste fonti stimola la ricerca e lo sviluppo di soluzioni avanzate per la gestione dell'energia, come sistemi di stoccaggio più efficienti, reti intelligenti e software di gestione dell'energia in grado di ottimizzare la produzione e la distribuzione in base alle condizioni reali e alla domanda.

Da un punto di vista economico, questa integrazione offre vantaggi significativi. La diversificazione delle fonti energetiche riduce la vulnerabilità ai cambiamenti di mercato e alle fluttuazioni dei prezzi delle singole fonti. Inoltre, la condivisione delle infrastrutture, come le linee di trasmissione e le stazioni di accumulo, può portare a una riduzione dei costi di investimento e di manutenzione.

In questo contesto, emerge chiaramente l'importanza di politiche energetiche e investimenti mirati. Per realizzare pienamente il potenziale di queste sinergie, è fondamentale che i governi e le istituzioni internazionali promuovano politiche favorevoli all'integrazione delle rinnovabili, fornendo incentivi e sostenendo progetti che puntano sulla collaborazione tra diverse tecnologie.

L'integrazione tra il fotovoltaico e altre fonti rinnovabili non è solo una scelta strategica per garantire un approvvigionamento energetico sostenibile e affidabile, ma rappresenta anche un passo avanti verso un modello energetico più rispettoso dell'ambiente e dell'economia globale. In questo scenario, il fotovoltaico si conferma non solo come un protagonista indipendente, ma come un elemento chiave in un coro armonico di soluzioni energetiche rinnovabili.

Economia Circolare nel Settore Energetico: Principi di economia circolare applicati al fotovoltaico e alla gestione dell'energia

L'economia circolare nel settore energetico rappresenta una svolta cruciale nel percorso verso la sostenibilità, specialmente quando si parla di fonti rinnovabili come il fotovoltaico. Abbracciare i principi dell'economia circolare in questo ambito significa non solo produrre energia in modo sostenibile, ma anche gestire il ciclo di vita delle risorse utilizzate in modo che siano riutilizzate, riciclate e valorizzate, riducendo al minimo gli sprechi e l'impatto ambientale.

Nel contesto del fotovoltaico, l'applicazione dei principi dell'economia circolare inizia con la progettazione dei pannelli solari. L'obiettivo è creare prodotti che siano non solo efficienti ed efficaci nel convertire l'energia solare, ma anche facili da smontare e riciclare a fine vita. Questo implica l'uso di materiali più sostenibili e la ricerca di soluzioni innovative per ridurre la dipendenza da risorse rare o difficili da riciclare.

La gestione dell'energia nel quadro dell'economia circolare va oltre la produzione e il riciclo dei pannelli. Riguarda anche l'ottimizzazione dell'uso dell'energia prodotta. L'implementazione di reti intelligenti e sistemi di accumulo avanzati permette di ridurre gli sprechi, distribuire l'energia in modo più efficiente e sfruttare al meglio le potenzialità di fonti rinnovabili come il fotovoltaico.

Un aspetto fondamentale dell'economia circolare nel settore energetico è la collaborazione tra diversi attori: produttori di pannelli, aziende di servizi energetici, consumatori e istituzioni. Questa sinergia è essenziale per creare un sistema integrato che favorisca il recupero dei materiali, l'efficienza energetica e lo sviluppo di nuove tecnologie.

Uno dei maggiori vantaggi dell'integrazione dell'economia circolare nel fotovoltaico è l'impatto positivo sull'ambiente. Riducendo il bisogno di estrazione di nuove materie prime e minimizzando i rifiuti, si contribuisce significativamente alla riduzione dell'impronta ecologica del settore energetico. D'altro canto, ci sono anche vantaggi economici tangibili. La riduzione dei costi associati allo smaltimento dei rifiuti, il valore aggiunto derivante dal riciclo dei materiali e l'efficienza energetica migliorata si traducono in un risparmio economico sia per i produttori che per i consumatori. Inoltre, l'innovazione stimolata dall'adozione dei principi dell'economia circolare apre nuove opportunità di mercato e potenziali di crescita per le aziende del settore.

In questo scenario, diventa evidente come l'integrazione dei principi dell'economia circolare nel fotovoltaico non sia solo una scelta etica o ambientale, ma anche una strategia intelligente dal punto di vista economico. Questa visione olistica, che considera ogni aspetto del ciclo di vita del prodotto e della gestione dell'energia, è la chiave per un futuro energetico più sostenibile e resiliente, in cui il fotovoltaico gioca un ruolo da protagonista.

Capitolo 11: Politiche e Incentivi Internazionali nel Fotovoltaico

Confronto tra Diverse Politiche Governative: Analisi delle politiche fotovoltaiche in vari paesi e loro impatto sullo sviluppo del settore

Nel panorama globale, le politiche governative riguardanti il fotovoltaico variano notevolmente, riflettendo non solo le diverse realtà geografiche e ambientali, ma anche le priorità economiche e gli obiettivi di sviluppo sostenibile di ciascun paese. Queste politiche hanno un impatto diretto sullo sviluppo del settore fotovoltaico, influenzando sia l'innovazione tecnologica che l'adozione di soluzioni solari da parte dei consumatori e delle imprese.

Iniziando dall'Europa, la Germania è spesso citata come un esempio di successo, grazie alla sua politica di "Energiewende", che mira a passare a un'economia a basse emissioni di carbonio. Il governo tedesco ha implementato una serie di incentivi, tra cui tariffe feed-in ben strutturate, che hanno stimolato massicci investimenti nel settore fotovoltaico. Questa politica ha non solo aumentato la capacità installata di energia solare, ma ha anche guidato l'innovazione e ridotto i costi delle tecnologie solari.

Al contrario, negli Stati Uniti, la politica fotovoltaica è stata più variabile, oscillando a seconda delle diverse amministrazioni. Tuttavia, incentivi come i crediti d'imposta per l'energia solare hanno giocato un ruolo significativo nel promuovere l'installazione di pannelli solari sia nelle abitazioni private che nelle aziende. Il mercato statunitense del fotovoltaico è anche caratterizzato da una forte componente di ricerca e sviluppo, spesso guidata da iniziative private e da collaborazioni tra università e industrie.

Passando all'Asia, la Cina è diventata un gigante nel settore fotovoltaico, grazie a politiche governative che hanno favorito la produzione di massa di pannelli solari. Questo ha portato a una significativa riduzione dei costi a livello globale, rendendo il fotovoltaico più accessibile. Tuttavia, questo approccio ha anche sollevato questioni riguardanti la sostenibilità e la qualità delle produzioni, sfide che il governo cinese sta iniziando a affrontare con nuove regolamentazioni.

In Australia, il clima e l'abbondanza di spazio hanno reso il fotovoltaico una scelta naturale. Il governo australiano ha sostenuto questo settore attraverso sussidi e incentivi, specialmente per le abitazioni, portando a un'alta penetrazione di sistemi fotovoltaici domestici.

Il confronto di queste politiche rivela alcune tendenze chiave. Prima fra tutte, l'importanza delle politiche governative nel guidare il mercato del fotovoltaico. Incentivi, sussidi e tariffe feed-in giocano un ruolo cruciale nel rendere l'energia solare economicamente vantaggiosa. Inoltre, l'approccio adottato da ciascun governo riflette le sue priorità e capacità: alcuni paesi si concentrano sulla promozione dell'adozione del fotovoltaico a livello di consumatori, mentre altri puntano a diventare leader nella produzione di tecnologie solari. Un'altra osservazione importante riguarda l'innovazione. I paesi che hanno investito significativamente in ricerca e sviluppo hanno visto progressi notevoli nella tecnologia fotovoltaica, contribuendo alla riduzione dei costi e all'aumento dell'efficienza dei pannelli.

Le politiche governative nel settore fotovoltaico sono un motore potente per lo sviluppo del settore, con impatti che vanno ben oltre i confini nazionali. La comprensione di queste dinamiche è essenziale per chi opera nel settore, sia per cogliere le opportunità emergenti che per anticipare le sfide future.

Incentivi Internazionali e Il loro Impatto: Studio degli incentivi a livello globale e analisi del loro effetto sul mercato del fotovoltaico

L'analisi degli incentivi internazionali nel settore del fotovoltaico è fondamentale per comprendere come questi strumenti politico-economici influenzino lo sviluppo e la diffusione di questa tecnologia a livello globale. Gli incentivi, infatti, non solo stimolano gli investimenti e la ricerca nel settore, ma hanno anche un impatto diretto sull'adozione di soluzioni fotovoltaiche da parte di aziende e privati.

Esaminando il panorama internazionale, emerge che gli incentivi possono variare notevolmente in termini di natura e entità. In alcuni paesi, come in molte nazioni dell'Unione Europea, gli incentivi si concretizzano in tariffe feed-in garantite, che assicurano agli operatori del settore un prezzo fisso per l'energia prodotta e immessa nella rete. Questo sistema ha dimostrato di essere particolarmente efficace nell'incoraggiare gli investimenti in energia solare, garantendo agli investitori una certa stabilità e prevedibilità dei rendimenti.

Negli Stati Uniti, l'approccio è stato differente, con un focus maggiore sui crediti d'imposta e sui sussidi per l'installazione di impianti fotovoltaici. Questi incentivi hanno reso l'investimento iniziale più accessibile, sia per le aziende che per i privati, e hanno contribuito a un rapido aumento della capacità installata di energia solare nel paese.

In Asia, la Cina si è distinta per una politica incentrata sul sostegno alla produzione di massa di pannelli solari. Questo ha portato a una significativa riduzione dei costi a livello globale, rendendo il fotovoltaico una soluzione energetica sempre più conveniente e competitiva rispetto alle fonti tradizionali.

L'India, d'altra parte, ha adottato un mix di incentivi, combinando sussidi diretti, tariffe agevolate e politiche di obbligo di acquisto da fonti rinnovabili. Questo approccio ha stimolato sia la domanda che l'offerta di energia solare, con un effetto positivo sulla crescita del settore nel paese.

Un aspetto chiave che emerge dall'analisi degli incentivi a livello globale è il loro impatto sull'innovazione tecnologica. Gli incentivi non solo riducono i costi e rendono l'energia solare economicamente attraente, ma spingono anche le aziende a investire in ricerca e sviluppo per migliorare l'efficienza e ridurre ulteriormente i costi dei pannelli solari.

Oltre all'effetto sui mercati nazionali, gli incentivi hanno un impatto significativo anche sul mercato globale. La crescente competitività del fotovoltaico, stimolata da queste politiche, sta portando a una rapida espansione di questa tecnologia a livello internazionale, con implicazioni positive per la lotta al cambiamento climatico e per la transizione verso un'economia a basse emissioni di carbonio.

Gli incentivi sono uno strumento cruciale per lo sviluppo del settore fotovoltaico. Tuttavia, è fondamentale che tali incentivi siano ben progettati e adeguatamente bilanciati per evitare distorsioni del mercato. La sfida per i responsabili politici è quella di creare un ambiente che stimoli anche un'innovazione continua e una riduzione progressiva della dipendenza dagli incentivi, portando il fotovoltaico a essere competitivo sul mercato in virtù della sua efficienza e sostenibilità.

Collaborazioni Internazionali per lo Sviluppo Sostenibile: Esempi di progetti internazionali e partnership per promuovere l'energia solare

Nel contesto dello sviluppo sostenibile, il settore del fotovoltaico ha assistito a un'espansione notevole, grazie anche a collaborazioni internazionali che hanno permesso di condividere conoscenze, tecnologie e risorse. Queste sinergie tra nazioni, enti di ricerca e aziende private rappresentano un fattore chiave per l'avanzamento tecnologico e la diffusione dell'energia solare a livello globale.

Un esempio emblematico di tale collaborazione è l'Alleanza Solare Internazionale (ISA), lanciata durante la COP21 a Parigi. L'ISA è un'iniziativa congiunta di più di 120 paesi, mirata a promuovere l'uso efficiente dell'energia solare per ridurre la dipendenza dai combustibili fossili. La collaborazione tra i paesi membri si concentra sullo scambio di conoscenze tecniche, supporto nella creazione di politiche favorevoli, e facilitazione dell'accesso a tecnologie e finanziamenti.

Un altro esempio significativo è il programma Horizon 2020 dell'Unione Europea, che ha finanziato numerose ricerche e progetti nel campo delle energie rinnovabili, inclusi quelli legati al fotovoltaico. Questi progetti non solo hanno contribuito a sviluppare tecnologie più efficienti e sostenibili, ma hanno anche favorito la creazione di reti di conoscenze e competenze tra università, centri di ricerca e imprese di diversi paesi.

Anche a livello aziendale si osservano collaborazioni significative. Grandi imprese di tecnologia solare stanno collaborando con startup innovative per esplorare nuovi materiali e tecnologie. Queste partnership sono spesso supportate da finanziamenti governativi o da enti internazionali, che vedono nella cooperazione transnazionale un modo efficace per accelerare l'innovazione nel settore.

Le collaborazioni internazionali non sono limitate solo allo sviluppo tecnologico, ma si estendono anche a progetti volti a migliorare l'accesso all'energia solare in paesi in via di sviluppo. Programmi come quelli promossi dalla Banca Mondiale o dal Fondo per l'Ambiente Mondiale puntano a supportare l'installazione di sistemi fotovoltaici in comunità remote, contribuendo a migliorare la qualità della vita e a ridurre la povertà energetica.

Queste iniziative dimostrano come la collaborazione internazionale nel campo del fotovoltaico non sia solo un veicolo per il progresso tecnologico, ma anche un mezzo per promuovere la giustizia sociale e ambientale. Condividendo risorse, conoscenze e competenze, è possibile accelerare il passaggio a un futuro energetico più sostenibile, in cui l'energia solare gioca un ruolo cruciale. In questo scenario, le collaborazioni internazionali rappresentano un modello vincente per affrontare le sfide globali legate al cambiamento climatico e allo sviluppo sostenibile. Attraverso queste sinergie, è possibile non solo avanzare nella ricerca e nello sviluppo tecnologico, ma anche promuovere un accesso più equo all'energia e sostenere politiche che favoriscano un impatto ambientale e sociale positivo.

Capitolo 12: Innovazioni Tecnologiche e Ricerca nel Fotovoltaico

Sviluppi Recenti nelle Tecnologie Fotovoltaiche: Presentazione delle ultime innovazioni nel design e nella produzione dei pannelli solari

Il mondo del fotovoltaico è in continua evoluzione, con progressi tecnologici che stanno rivoluzionando il design e la produzione dei pannelli solari. Queste innovazioni non solo migliorano l'efficienza e la durata dei pannelli, ma aprono anche la strada a nuove applicazioni e modelli di business nel settore dell'energia solare.

Una delle tendenze più promettenti è lo sviluppo di celle solari a base di perovskite. Questo materiale, una struttura cristallina che può essere sintetizzata in laboratorio, ha dimostrato potenziali di efficienza eccezionali. Rispetto ai tradizionali pannelli a base di silicio, le celle a perovskite sono più leggere, più flessibili e potenzialmente più economiche da produrre. Attualmente, la ricerca si sta concentrando sulla stabilità e la durabilità di questi materiali, con l'obiettivo di renderli praticabili per applicazioni commerciali a lungo termine.

Un altro sviluppo significativo riguarda i pannelli solari bifacciali. Questi pannelli possono catturare la luce solare sia dalla parte frontale che da quella posteriore, aumentando significativamente l'efficienza complessiva. I pannelli bifacciali sono particolarmente utili in installazioni a terra, dove la luce riflessa dal suolo può essere sfruttata per una maggiore produzione energetica.

L'integrazione del fotovoltaico nell'edilizia è un altro settore in rapida crescita. I pannelli solari integrati nei materiali da costruzione, come le tegole fotovoltaiche o le facciate di edifici, non solo generano energia, ma si integrano armoniosamente nell'architettura, superando alcune delle resistenze estetiche associate ai tradizionali pannelli solari.

In termini di produzione, l'automazione e l'uso di tecnologie avanzate stanno rendendo i processi più efficienti e sostenibili. L'impiego di robotica e intelligenza artificiale nella produzione dei pannelli solari sta riducendo i costi e migliorando la qualità dei prodotti finiti. Questo non solo abbassa la soglia di ingresso per nuovi attori nel mercato, ma rende l'energia solare sempre più competitiva rispetto alle fonti energetiche tradizionali.

La ricerca e l'innovazione nel fotovoltaico stanno anche esplorando l'utilizzo di nuovi materiali ecocompatibili e processi di riciclaggio per i pannelli a fine vita. Questo approccio sostenibile è fondamentale per garantire che l'energia solare rimanga una soluzione veramente verde nel lungo periodo.

Queste innovazioni rappresentano solo la punta dell'iceberg in un settore in rapida trasformazione. Con il crescente interesse a livello globale per le energie rinnovabili e la riduzione delle emissioni di carbonio, il fotovoltaico è destinato a giocare un ruolo sempre più centrale nel mix energetico mondiale. Le tecnologie emergenti non solo aumenteranno l'efficienza e l'accessibilità dell'energia solare, ma apriranno anche nuove strade per la sua integrazione nella vita quotidiana e nell'ambiente costruito. In questo contesto dinamico, l'innovazione continua sarà la chiave per mantenere il settore del fotovoltaico al passo con le sfide e le opportunità del futuro energetico sostenibile.

Ricerca e Sviluppo nel Settore Energetico: Focus sulle ricerche correnti nel campo dell'efficienza e della sostenibilità

La ricerca e lo sviluppo nel settore energetico, in particolare nel campo del fotovoltaico, si stanno concentrando intensamente sull'incremento dell'efficienza dei pannelli solari e sulla sostenibilità dell'intero ciclo di vita del prodotto. Questo impegno costante nella ricerca è guidato dalla necessità di rispondere alle sfide del cambiamento climatico e della crescente domanda di energie rinnovabili.

Uno degli obiettivi primari della ricerca attuale è l'ottimizzazione dell'efficienza delle celle solari. Gli sforzi si concentrano non solo sul miglioramento dei materiali esistenti, come il silicio, ma anche sull'esplorazione di nuovi materiali e tecnologie. Un esempio promettente è rappresentato dalle celle solari a base di perovskite, che stanno mostrando potenziali di conversione dell'energia solare superiori rispetto ai tradizionali pannelli di silicio. Inoltre, le ricerche si stanno focalizzando sulla combinazione di materiali diversi, come nelle celle tandem, che sfruttano più strati di materiali fotovoltaici per catturare un ampio spettro di radiazioni solari.

Parallelamente all'efficienza, un altro pilastro della ricerca nel fotovoltaico è la sostenibilità. Questo include lo sviluppo di processi di produzione più ecologici e l'uso di materiali meno impattanti sull'ambiente. Importante è anche il lavoro sul fine vita dei pannelli: la ricerca si sta orientando verso metodi di riciclaggio avanzati che permettano il recupero efficace dei materiali, riducendo così l'impatto ambientale e incrementando l'economia circolare nel settore.

L'innovazione nel design dei pannelli solari sta seguendo due direzioni principali: da un lato, si punta a pannelli sempre più integrabili nell'architettura degli edifici, dall'altro, si esplorano soluzioni per rendere i pannelli più adatti a contesti diversi, come quelli mobili o in ambienti estremi. L'integrazione del fotovoltaico nell'edilizia, ad esempio, sta trasformando i modi in cui gli edifici vengono progettati e costruiti, rendendo la produzione di energia solare una componente fondamentale dell'architettura moderna.

In questo contesto dinamico, le collaborazioni tra università, centri di ricerca e industrie sono essenziali. Queste sinergie permettono di condividere competenze, risorse e visioni, accelerando il passo dell'innovazione e applicando le scoperte della ricerca in maniera pratica e scalabile. Inoltre, il sostegno dei governi e delle organizzazioni internazionali, sia in termini di finanziamenti che di politiche favorevoli, è cruciale per mantenere la ricerca e lo sviluppo nel settore fotovoltaico all'avanguardia a livello mondiale.

Il settore energetico, e in particolare quello del fotovoltaico, sta vivendo una fase di straordinario fermento. La ricerca e lo sviluppo continuano a spingere i confini di ciò che è possibile, aprendo nuove strade per un futuro energetico più pulito, efficiente e sostenibile. Questi sforzi collettivi nel campo della ricerca non solo contribuiranno a migliorare le tecnologie esistenti, ma apriranno anche nuovi orizzonti per l'innovazione e l'uso dell'energia solare nel nostro quotidiano.

Futuro del Fotovoltaico: Proiezioni e Potenziali Innovazioni

Esplorare il futuro del fotovoltaico significa immergersi in un panorama di innovazioni tecnologiche e proiezioni che promettono di rivoluzionare il modo in cui catturiamo e utilizziamo l'energia solare. Con l'avanzare della ricerca e lo sviluppo di nuove tecnologie, il settore del fotovoltaico si sta evolvendo rapidamente, portando con sé promesse di efficienza, sostenibilità e accessibilità ancora maggiori.

Una delle aree più promettenti riguarda l'ulteriore sviluppo delle celle solari a perovskite. Queste celle, già note per la loro alta efficienza e basso costo di produzione, potrebbero diventare ancora più efficienti e stabili nei prossimi anni. La ricerca si sta concentrando sul superamento delle sfide legate alla durabilità e alla produzione su larga scala, con l'obiettivo di rendere questa tecnologia una scelta mainstream nel mercato fotovoltaico.

Un altro ambito di innovazione è rappresentato dall'integrazione del fotovoltaico in diversi contesti e materiali. L'architettura solare integrata, che include la produzione di pannelli solari trasparenti e flessibili, sta aprendo nuove frontiere nell'edilizia sostenibile. Questi pannelli possono essere integrati nelle finestre, nei tetti e nelle facciate degli edifici, trasformando ogni superficie in una potenziale fonte di energia.

L'efficienza dei pannelli solari sta anche beneficiando delle innovazioni nel campo dell'intelligenza artificiale e dell'analisi dei dati. L'uso di algoritmi avanzati per ottimizzare la cattura della luce solare e per monitorare e mantenere le prestazioni degli impianti fotovoltaici sta diventando sempre più diffuso. Questi sistemi intelligenti non solo aumentano l'efficienza energetica, ma contribuiscono anche a ridurre i costi di manutenzione e a prolungare la vita utile degli impianti.

Anche il settore del fotovoltaico è influenzato dalla crescente attenzione verso la sostenibilità ambientale. La ricerca sta esplorando nuovi metodi di riciclaggio per i pannelli solari a fine vita, nonché l'uso di materiali più sostenibili e a basso impatto ambientale nella produzione dei pannelli. Questo approccio circolare è essenziale per garantire che l'energia solare rimanga una soluzione verde nel corso del tempo.

In termini di accessibilità, le innovazioni tecnologiche stanno contribuendo a rendere l'energia solare più conveniente e accessibile a una vasta gamma di utenti. La riduzione dei costi di produzione e l'aumento dell'efficienza dei pannelli solari stanno rendendo l'energia solare una scelta sempre più competitiva rispetto alle fonti energetiche tradizionali, anche in regioni meno sviluppate del mondo.

Guardando al futuro, il settore del fotovoltaico appare come uno degli ambiti più dinamici e promettenti nel panorama delle energie rinnovabili. Le innovazioni in corso non solo migliorano le prestazioni e riducono i costi, ma aprono anche nuove possibilità per l'integrazione dell'energia solare nella vita quotidiana e nell'ambiente costruito. Questa continua evoluzione rappresenta una chiave fondamentale per affrontare le sfide del cambiamento climatico e per muovere verso un futuro energetico più sostenibile e resiliente.

Capitolo 13: Impatto Sociale ed Educativo del Fotovoltaico

Educazione e Sensibilizzazione sull'Energia Solare: Strategie per aumentare la consapevolezza e l'educazione sul fotovoltaico nelle scuole e nelle comunità

L'educazione e la sensibilizzazione sull'energia solare e sulle tecnologie fotovoltaiche nelle scuole e nelle comunità rappresentano un tassello fondamentale per costruire un futuro sostenibile. È attraverso la formazione e la diffusione di conoscenze che possiamo aspettarci un cambiamento significativo nella percezione e nell'uso dell'energia rinnovabile a livello globale.

Il primo passo in questo processo educativo è l'integrazione del tema dell'energia solare nei programmi scolastici. Non si tratta solo di inserire nozioni tecniche nei corsi di scienze o tecnologia, ma di adottare un approccio interdisciplinare che coinvolga anche materie come la geografia, l'economia e persino l'educazione civica. In questo modo, gli studenti possono comprendere non solo il funzionamento dei pannelli solari, ma anche il loro impatto sul clima, sull'economia e sulla società.

Un approccio pratico è altrettanto importante. Progetti scolastici che prevedono l'installazione di pannelli solari nelle scuole servono a dimostrare concretamente il funzionamento e i benefici dell'energia solare. Questi progetti non solo forniscono energia pulita alle scuole, ma diventano laboratori didattici viventi, dove gli studenti possono osservare e studiare da vicino la tecnologia fotovoltaica.

Al di fuori dell'ambiente scolastico, le iniziative di sensibilizzazione nelle comunità sono essenziali per diffondere la conoscenza e l'accettazione del fotovoltaico. Workshop, conferenze e incontri informativi possono essere organizzati in collaborazione con enti locali, associazioni e aziende del settore. In questi eventi, è importante trattare argomenti come i vantaggi economici e ambientali dell'energia solare, le modalità di installazione di un impianto fotovoltaico e le politiche di incentivo disponibili.

Un elemento chiave in queste iniziative è la partecipazione attiva del pubblico. Creare opportunità per esperienze pratiche, come visite guidate in impianti fotovoltaici o laboratori interattivi, può aumentare l'interesse e l'impegno dei partecipanti. Inoltre, è fondamentale utilizzare un linguaggio chiaro e accessibile a tutti, evitando terminologie troppo tecniche che potrebbero scoraggiare la comprensione.

L'uso dei media e delle piattaforme online può amplificare enormemente l'impatto di queste iniziative educative. La creazione di contenuti digitali, come video informativi, webinar e corsi online, permette di raggiungere un pubblico più ampio. I social media, in particolare, possono essere strumenti potenti per diffondere storie di successo, studi di casi e informazioni utili su progetti fotovoltaici innovativi.

La sensibilizzazione e l'educazione sull'energia solare nelle scuole e nelle comunità sono passaggi cruciali per accelerare la transizione verso un futuro energetico sostenibile. Attraverso un impegno collettivo nel promuovere la conoscenza e l'accettazione del fotovoltaico, possiamo aspettarci una maggiore adozione di questa tecnologia pulita e rinnovabile, sia a livello locale che globale.

Impatto del Fotovoltaico sulle Comunità Rurali: Esplorazione dell'impatto dei progetti fotovoltaici nelle aree meno sviluppate

L'introduzione della tecnologia fotovoltaica nelle comunità rurali e in aree meno sviluppate rappresenta una svolta fondamentale non solo nel contesto energetico, ma anche nel tessuto sociale ed economico di queste regioni. La portata di questo impatto è vasta e variegata, influenzando aspetti che vanno dall'accesso all'energia alla crescita economica, dall'istruzione alla salute, delineando un quadro complesso e ricco di potenzialità.

Una delle trasformazioni più evidenti apportate dall'energia solare in ambito rurale è l'accesso migliorato all'energia. In molte regioni rurali e remote, la rete elettrica nazionale è spesso assente o inaffidabile. L'installazione di pannelli solari fornisce una fonte di energia pulita e costante, che può essere utilizzata per illuminare le abitazioni, alimentare pompe per l'irrigazione, conservare i prodotti alimentari e molto altro. Questo cambiamento ha un impatto diretto sulla qualità della vita degli abitanti, migliorando le condizioni di vita e offrendo nuove opportunità.

L'accesso all'energia solare nelle aree rurali ha anche un impatto significativo sull'istruzione. Le scuole dotate di energia elettrica possono funzionare più efficacemente, prolungando le ore di studio e fornendo risorse didattiche più varie, come computer e accesso a internet. Questo apre la strada a un migliore livello di istruzione, essenziale per lo sviluppo personale e per l'innalzamento del capitale umano della comunità.

Dal punto di vista economico, il fotovoltaico può essere un catalizzatore per lo sviluppo. Aziende agricole e piccoli imprenditori possono utilizzare l'energia solare per aumentare la loro produttività e ridurre i costi operativi. Inoltre, la manutenzione e l'installazione di impianti fotovoltaici offrono opportunità di lavoro e sviluppo di competenze tecniche, importanti per la crescita economica locale.

Un altro aspetto fondamentale è l'impatto sulla salute. In molte aree rurali, l'energia solare sostituisce fonti di illuminazione tradizionali come lampade a cherosene, che possono essere nocive per la salute. La disponibilità di energia pulita riduce significativamente i rischi per la salute associati all'inquinamento indoor e migliora le condizioni igienico-sanitarie, ad esempio attraverso sistemi di refrigerazione per conservare i medicinali.

Il fotovoltaico contribuisce alla resilienza delle comunità rurali. In un contesto di cambiamenti climatici e di crescenti sfide ambientali, avere accesso a una fonte di energia sostenibile e indipendente è un fattore chiave per la capacità di una comunità di adattarsi e prosperare di fronte alle avversità.

L'adozione del fotovoltaico nelle aree rurali e meno sviluppate non è solo una questione di accesso all'energia, ma un veicolo di trasformazione sociale ed economica. Fornisce gli strumenti per combattere la povertà, migliorare la qualità della vita e promuovere uno sviluppo sostenibile, dimostrando come le soluzioni energetiche rinnovabili possano essere un motore potente per il cambiamento positivo nelle comunità di tutto il mondo.

Fotovoltaico e Inclusione Sociale: Come il fotovoltaico può contribuire a ridurre le disparità energetiche e sociali

Il fotovoltaico rappresenta non solo una soluzione per la produzione di energia rinnovabile, ma è anche un potente strumento di inclusione sociale. In un mondo dove l'accesso all'energia è spesso diseguale, il fotovoltaico offre opportunità uniche per ridurre le disparità energetiche e, di conseguenza, contribuire alla riduzione delle disuguaglianze sociali.

Un aspetto cruciale del fotovoltaico è la sua capacità di fornire accesso all'energia in aree remote o svantaggiate, dove la connessione alla rete elettrica tradizionale è spesso assente o inadeguata. L'installazione di pannelli solari in queste aree permette non solo di illuminare le abitazioni, ma anche di alimentare infrastrutture essenziali come scuole, cliniche sanitarie e centri comunitari. Questo aspetto è particolarmente rilevante nei paesi in via di sviluppo, dove l'accesso all'energia può fare la differenza nel garantire un'istruzione di base, servizi sanitari adeguati e opportunità di sviluppo economico.

Il fotovoltaico offre opportunità di autoimpiego e sviluppo di nuove competenze. Progetti di installazione e manutenzione di impianti solari nelle comunità locali non solo creano posti di lavoro, ma stimolano anche l'acquisizione di competenze tecniche, contribuendo alla crescita professionale degli individui e al progresso economico delle comunità. Questo aspetto assume un'importanza particolare in contesti dove le possibilità di formazione professionale e occupazione sono limitate.

L'impiego del fotovoltaico nelle aree urbane può contribuire a mitigare le disuguaglianze sociali anche nei contesti più sviluppati. Programmi di installazione di pannelli solari in quartieri a basso reddito o in edifici di edilizia popolare possono ridurre significativamente il costo dell'energia per le famiglie, alleggerendo il carico economico e aumentando la loro capacità di spesa in altre aree essenziali come l'alimentazione e l'istruzione.

Un altro aspetto importante è il ruolo del fotovoltaico nell'educazione ambientale. Programmi scolastici e iniziative comunitarie che includono l'istruzione sul fotovoltaico e sulle energie rinnovabili contribuiscono a sensibilizzare le nuove generazioni sull'importanza della sostenibilità ambientale. Questa consapevolezza è fondamentale per costruire una società più equa e attenta all'ambiente.

È da sottolineare come il fotovoltaico possa essere un elemento di empowerment per gruppi vulnerabili. Progetti specifici possono essere rivolti a donne, giovani e minoranze, fornendo loro gli strumenti per essere protagonisti attivi nella transizione energetica e nel miglioramento delle condizioni di vita delle proprie comunità.
In definitiva, il fotovoltaico va visto non solo come una tecnologia per la produzione di energia, ma come un mezzo per promuovere l'inclusione sociale, ridurre le disuguaglianze e migliorare la qualità della vita. La sua diffusione rappresenta un'opportunità unica per costruire società più giuste e sostenibili, dove l'accesso all'energia pulita e rinnovabile gioca un ruolo fondamentale.

www.ingramcontent.com/pod-product-compliance
Lightning Source LLC
Chambersburg PA
CBHW070041260726
48658CB00002B/684

Extreme Weight Loss Made Easy With Simple Steps

Say Hello to the New You

By: Linda Davis

9781634286855

Publishers Notes

Disclaimer – Speedy Publishing LLC

This publication is intended to provide helpful and informative material. It is not intended to diagnose, treat, cure, or prevent any health problem or condition, nor is intended to replace the advice of a physician. No action should be taken solely on the contents of this book. Always consult your physician or qualified health-care professional on any matters regarding your health and before adopting any suggestions in this book or drawing inferences from it.

The author and publisher specifically disclaim all responsibility for any liability, loss or risk, personal or otherwise, which is incurred as a consequence, directly or indirectly, from the use or application of any contents of this book.

Any and all product names referenced within this book are the trademarks of their respective owners. None of these owners have sponsored, authorized, endorsed, or approved this book.

Always read all information provided by the manufacturers' product labels before using their products. The author and publisher are not responsible for claims made by manufacturers.

This book was originally printed before 2014. This is an adapted reprint by Speedy Publishing LLC with newly updated content designed to help readers with much more accurate and timely information and data.

Speedy Publishing LLC

40 E Main Street, Newark, Delaware, 19711

Contact Us: 1-888-248-4521

Website: http://www.speedypublishing.co

REPRINTED Paperback Edition: ISBN: 9781634286855

Manufactured in the United States of America